辽宁高水平特色专业群校企合作开发系列教材

林业地理信息系统

靳来素　主编

中国林业出版社

图书在版编目(CIP)数据

林业地理信息系统 / 靳来素主编. —北京：中国林业出版社，2021.3(2024.1重印)
ISBN 978-7-5219-1080-3

Ⅰ.①林… Ⅱ.①靳… Ⅲ.①林业-地理信息系统-高等学校-教材
Ⅳ.①S7-39

中国版本图书馆 CIP 数据核字(2021)第 049195 号

责任编辑：范立鹏	策划编辑：范立鹏 肖基浒 高兴荣
电话：(010)83143626	传真：(010)83143516

出版发行	中国林业出版社(100009 北京市西城区德内大街刘海胡同7号)
	http://www.forestry.gov.cn/lycb.html (010)83143500
经　　销	新华书店
印　　刷	北京中科印刷有限公司
版　　次	2021年3月第1版
印　　次	2024年1月第2次印刷
开　　本	787mm×1092mm　1/16
印　　张	12.5
字　　数	300千字
定　　价	42.00元

未经许可，不得以任何方式复制或抄袭本书之部分或全部内容。

版权所有　侵权必究

《林业地理信息系统》编写人员

主　　编　靳来素

副 主 编　赵　静

编写人员　（按姓氏笔画排序）
　　　　　　　邢宝振　刘珊珊　许成林　孟凡众
　　　　　　　赵　静　娄安颖　靳来素

前　言

地理信息系统（GIS）是随着地理学、地图学和计算机科学的不断发展而形成的一门交叉学科，能够适时提供多种空间和动态的地理信息，为地理研究和地理决策服务而建立起来的计算机技术系统。目前已经应用到自然资源管理、农业、林业、交通工程、土木工程、海洋科学、国防军事等诸多领域。在林业领域广泛应用于森林资源规划设计调查、森林资源信息管理、森林火灾监测、森林病虫害监测、林业经营与规划、林地及森林资源动态监测等方面，为林业生产、经营、管理提供新的技术手段。

随着现代林业技术的不断发展，林业企事业单位对相关人才的需求不断增加，为适应社会对现代林业专业人才的需求，从林业生产实际出发编写了本教材。

本教材是本着"理论够用、强化技能"的基本思想，"教、学、做一体化"的教学理念，"项目引导、任务驱动"的教学模式编写而成的，是适合高等职业院校强化技能的项目化教材。

本教材以林业 GIS 产品生产过程中所必需的基础理论和专业技能为目标，以 ArcGIS 10 为教学平台，并根据工作岗位需要，科学地设计了初识 GIS、林业空间数据的采集与组织、林业空间数据的转换与处理、林业空间分析、林业专题地图编辑和森林资源监测等六个教学项目。各个教学项目既是相对独立的教学单元也是相互衔接的工作程序。前五个教学项目侧重训练学生的单项专业技能，第六个教学项目为综合项目，让学生全面掌握森林资源监测的主要流程和方法，强化单项技能在生产实践中的综合应用技能。

本教材由辽宁生态工程职业学院靳来素、赵静、邢宝振、孟凡众、娄安颖，以及辽宁省自然资源事务服务中心摄影测量与遥感中心刘珊珊、辽宁省实验林场许成林编写；由靳来素担任主编，赵静担任副主编，娄安颖、靳来素负责统稿。其中项目一由邢宝振编写，项目二由靳来素、许成林编写，项目三由孟凡众编写，项目四由娄安颖、赵静编写，项目五由赵静编写，项目六由刘珊珊编写。

本教材可作为高等职业院校林业技术、林业信息技术与管理、森林资源保护、环境保护、园林工程技术、测绘工程技术等相关专业的教材，同时也可作为从事林业规划设计、森林资源管理与监测、农业规划、地学、生态环境和区域经济发展规划等工程技术人员的参考用书。

由于水平有限，经验不足，在教材中难免会出现纰漏，恳请读者批评指正。获取实验数据可发送邮件至 2012148@qq.com。

编　者
2019 年 10 月

目 录

前言

项目一 初识 GIS ……………………………………………………… (1)
 任务 1.1 地理信息系统概述 ……………………………………… (2)
  1.1.1 任务描述 ………………………………………………… (2)
  1.1.2 任务目标 ………………………………………………… (2)
  1.1.3 相关知识 ………………………………………………… (2)
  1.1.4 任务实施 ………………………………………………… (9)
  1.1.5 巩固练习 ………………………………………………… (10)
 任务 1.2 浏览林业空间数据 ……………………………………… (11)
  1.2.1 任务描述 ………………………………………………… (11)
  1.2.2 任务目标 ………………………………………………… (11)
  1.2.3 相关知识 ………………………………………………… (11)
  1.2.4 任务实施 ………………………………………………… (11)
  1.2.5 知识拓展 ………………………………………………… (27)
  1.2.6 巩固练习 ………………………………………………… (28)

项目二 林业空间数据的采集与组织 ……………………………… (29)
 任务 2.1 地理配准 ………………………………………………… (30)
  2.1.1 任务描述 ………………………………………………… (30)
  2.1.2 任务目标 ………………………………………………… (30)
  2.1.3 相关知识 ………………………………………………… (30)
  2.1.4 任务实施 ………………………………………………… (31)
  2.1.5 成果提交 ………………………………………………… (33)
  2.1.6 巩固练习 ………………………………………………… (33)
 任务 2.2 林业空间数据库的创建 ………………………………… (33)
  2.2.1 任务描述 ………………………………………………… (33)

  2.2.2 任务目标 …………………………………………………………………… (33)
  2.2.3 相关知识 …………………………………………………………………… (34)
  2.2.4 任务实施 …………………………………………………………………… (35)
  2.2.5 成果提交 …………………………………………………………………… (41)
  2.2.6 巩固练习 …………………………………………………………………… (41)
 任务2.3 林业空间数据的采集与编辑 ……………………………………………… (41)
  2.3.1 任务描述 …………………………………………………………………… (41)
  2.3.2 任务目标 …………………………………………………………………… (41)
  2.3.3 相关知识 …………………………………………………………………… (41)
  2.3.4 任务实施 …………………………………………………………………… (43)
  2.3.5 成果提交 …………………………………………………………………… (55)
  2.3.6 巩固练习 …………………………………………………………………… (56)
 任务2.4 属性数据的采集与编辑 …………………………………………………… (56)
  2.4.1 任务描述 …………………………………………………………………… (56)
  2.4.2 任务目标 …………………………………………………………………… (56)
  2.4.3 相关知识 …………………………………………………………………… (57)
  2.4.4 任务实施 …………………………………………………………………… (57)
  2.4.5 成果提交 …………………………………………………………………… (67)
  2.4.6 巩固练习 …………………………………………………………………… (67)
 任务2.5 林业小班空间数据的拓扑处理 …………………………………………… (68)
  2.5.1 任务描述 …………………………………………………………………… (68)
  2.5.2 任务目标 …………………………………………………………………… (68)
  2.5.3 相关知识 …………………………………………………………………… (68)
  2.5.4 任务实施 …………………………………………………………………… (70)
  2.5.5 成果提交 …………………………………………………………………… (76)
  2.5.6 巩固练习 …………………………………………………………………… (76)
项目三 林业空间数据的转换与处理 ……………………………………………………… (77)
 任务3.1 投影变换 …………………………………………………………………… (78)
  3.1.1 任务描述 …………………………………………………………………… (78)
  3.1.2 任务目标 …………………………………………………………………… (78)
  3.1.3 相关知识 …………………………………………………………………… (78)

3.1.4 任务实施 …………………………………………………………………… (79)
3.1.5 成果提交 …………………………………………………………………… (82)

任务3.2 空间数据格式转换 ……………………………………………………… (83)
3.2.1 任务描述 …………………………………………………………………… (83)
3.2.2 任务目标 …………………………………………………………………… (83)
3.2.3 相关知识 …………………………………………………………………… (83)
3.2.4 任务实施 …………………………………………………………………… (84)
3.2.5 成果提交 …………………………………………………………………… (88)

任务3.3 空间数据处理 …………………………………………………………… (88)
3.3.1 任务描述 …………………………………………………………………… (88)
3.3.2 任务目标 …………………………………………………………………… (88)
3.3.3 相关知识 …………………………………………………………………… (88)
3.3.4 任务实施 …………………………………………………………………… (88)
3.3.5 成果提交 …………………………………………………………………… (93)

项目四 林业空间分析 (94)

任务4.1 矢量数据空间分析 ……………………………………………………… (94)
4.1.1 任务描述 …………………………………………………………………… (94)
4.1.2 任务目标 …………………………………………………………………… (95)
4.1.3 相关知识 …………………………………………………………………… (95)
4.1.4 任务实施 …………………………………………………………………… (99)
4.1.5 成果提交 …………………………………………………………………… (105)

任务4.2 栅格数据空间分析 ……………………………………………………… (106)
4.2.1 任务描述 …………………………………………………………………… (106)
4.2.2 任务目标 …………………………………………………………………… (106)
4.2.3 相关知识 …………………………………………………………………… (106)
4.2.4 任务实施 …………………………………………………………………… (107)
4.2.5 成果提交 …………………………………………………………………… (114)

任务4.3 三维分析 ………………………………………………………………… (114)
4.3.1 任务描述 …………………………………………………………………… (114)
4.3.2 任务目标 …………………………………………………………………… (115)
4.3.3 相关知识 …………………………………………………………………… (115)

  4.3.4 任务实施 ……………………………………………………………… (115)
  4.3.5 成果提交 ……………………………………………………………… (128)

项目五 林业专题地图编辑 ……………………………………………………… (129)

任务 5.1 空间数据可视化 ………………………………………………… (129)
  5.1.1 任务描述 ……………………………………………………………… (129)
  5.1.2 任务目标 ……………………………………………………………… (130)
  5.1.3 相关知识 ……………………………………………………………… (130)
  5.1.4 任务实施 ……………………………………………………………… (130)
  5.1.5 成果提交 ……………………………………………………………… (140)
  5.1.6 知识拓展 ……………………………………………………………… (140)
  5.1.7 巩固练习 ……………………………………………………………… (144)

任务 5.2 地图标注和注记 ………………………………………………… (144)
  5.2.1 任务描述 ……………………………………………………………… (144)
  5.2.2 任务目标 ……………………………………………………………… (144)
  5.2.3 相关知识 ……………………………………………………………… (145)
  5.2.4 任务实施 ……………………………………………………………… (145)
  5.2.5 成果提交 ……………………………………………………………… (150)
  5.2.6 巩固练习 ……………………………………………………………… (150)

任务 5.3 林业专题地图制作 ………………………………………………… (150)
  5.3.1 任务描述 ……………………………………………………………… (150)
  5.3.2 任务目标 ……………………………………………………………… (150)
  5.3.3 相关知识 ……………………………………………………………… (150)
  5.3.4 任务实施 ……………………………………………………………… (151)
  5.3.5 成果提交 ……………………………………………………………… (162)
  5.3.6 知识拓展 ……………………………………………………………… (162)
  5.3.7 巩固练习 ……………………………………………………………… (164)

项目六 森林资源监测 ………………………………………………………… (165)
 6.1 项目数据 …………………………………………………………………… (165)
 6.2 项目实施 …………………………………………………………………… (166)

参考文献 ……………………………………………………………………………… (190)

项目一　初识GIS

○ 项目概述

地理信息系统(GIS)是指在计算机硬件、软件系统支持下，对空间数据进行采集、操作、储存与管理、分析、输出的技术系统。简而言之，地理信息系统是综合处理和分析空间数据的一种技术系统，它是由计算机系统、地理空间数据和系统管理人员组成，通过对地理数据的集成、存储、检索、操作和分析，生成并输出各种地理信息，从而为土地利用、资源管理、环境监测、交通运输、经济建设、城市规划以及政府部门行政管理提供新的知识，为工程设计和规划、管理决策服务。地理信息系统在林业领域的应用也非常广泛，国内外林业工作者广泛应用GIS进行森林资源调查与管理、森林资源的变化监测、森林防火等应急管理、林业日常经营管理、综合评价及规划决策等。

本项目在介绍数据、信息、地理数据、地理信息和地理信息系统(GIS)等基本概念的基础上，重点阐述GIS的组成、功能及在林业领域的应用，并对目前广泛使用的地理信息系统软件进行了介绍，同时对如何使用GIS软件对林业空间数据进行浏览和显示的操作进行了详细的叙述。本项目包括"地理信息系统概述"和"浏览林业空间数据"两个学习任务。

○ 知识目标

①掌握GIS的概念及其组成。
②了解GIS在林业生产中的应用。
③掌握ArcMap的窗口功能及使用方法。
④掌握ArcCatalog的窗口功能及使用方法。

○ 技能目标

①能熟练运用ArcMap浏览林业空间数据。
②学会运用ArcCatalog管理林业空间数据。
③能对空间数据进行长度、面积的测量及查询。

任务 1.1　地理信息系统概述

1.1.1　任务描述

GIS 作为获取、处理、管理和分析地理空间数据的重要工具、技术和学科，近年来得到了广泛关注和迅猛发展。本任务将从 GIS 的概念、组成、在行业中的应用，以及 ArcGIS 软件的产品构成等方面来认识 GIS。

1.1.2　任务目标

①掌握地理信息系统基本概念及组成。
②掌握空间数据与属性数据的关系。
③了解 ArcGIS 产品的构成及启动方法。

1.1.3　相关知识

1.1.3.1　地理信息系统的基本概念

(1) 数据与信息

数据是指某一目标定性、定量描述的原始资料，包括数字、文字、符号、图形、图像以及它们能够转换成的数据等形式。信息是向人们或机器提供关于现实世界新的事实的知识，是数据、消息中所包含的意义。

数据与信息是不可分离的。数据中所包含的意义就是信息。信息是对数据解释、运用与解算。数据，即使是经过处理以后的数据，只有经过解释才有意义，才成为信息。就本质而言，数据是客观对象的表示，而信息则是数据内涵的意义，只有数据对实体行为产生影响时才成为信息。

数据是记录下来的某种可以识别的符号，具有多种多样的形式，也可以加以转换，但其中包含的信息内容不会改变，即不随载体的物理设备形式的改变而改变。信息可以离开信息系统而独立存在，也可以离开信息系统的各个组成和阶段而独立存在；而数据的格式往往与计算机系统有关，并随载荷它的物理设备的形式而改变。数据是原始事实，而信息是数据处理的结果。

(2) 地理信息与地理数据

地理信息(geographic information)属于空间信息，是指与空间地理分布有关的信息，它是表示地表物体和环境固有的数量、质量、分布特征、联系和规律的数字、文字、图形、图像等的总称。地理信息是对表达地理特征与地理现象之间关系的地理数据的解释。

地理数据(geographic data)是指表征地理圈或地理环境固有要素或物质的数量、质量、分布特征、联系和规律的数字、文字、符号、图像和图形等的总称，是直接或间接关联相对于地球的某个地点的数据，是表示地理位置、分布特点的自然现象和社会现象的诸要素文件。地理数据包括自然地理数据和社会经济数据。自然地理数据如土地覆盖类型数据、地貌数据、水文数据、植被数据、居民点数据、行政边界数据等。

从地理实体到地理数据，再到地理信息的发展，反映了人类认识的巨大飞跃。地理信息除具备信息的一般特性外，还具备以下特性。

①区域性：地理信息属于空间信息，是通过数据进行标识的，这是地理信息系统区别其他类型信息最显著的标志，是地理信息的定位特征。区域性是指按照特定的经纬网或公里网建立的地理坐标来实现空间位置的识别，并可以按照指定的区域进行信息的处理。

②多维性：具体是指在二维空间的基础上，实现多个专题的三维结构，即在一个坐标位置上具有多个专题和属性信息。例如，在一个地面点上，可取得高程、污染状况、交通等多种信息。

③动态性：主要是指地理信息的动态变化特征，即时序特征。可以按照时间尺度将地球信息划分为超短期的(如台风、地震)、短期的(如江河洪水、秋季低温)、中期的(如土地利用、作物估产)、长期的(如城市化、水土流失)、超长期的(如地壳变动、气候变化)等。从而使地理信息常以时间尺度划分成不同时间段信息，这就要求及时采集和更新地理信息，并根据多时相区域性指定特定的区域得到的数据和信息来寻找时间分布规律，进而对未来作出预测和预报。

(3) 地理信息系统

地理信息系统(geographic information system，GIS)有时又称为"地学信息系统"，是一种特定的十分重要的空间信息系统。它是在计算机硬件和软件系统支持下，对整个或部分地球表层(包括大气层)空间中的相关地理分布数据进行采集、储存、管理、运算、分析、显示和描述的技术系统。

地理信息系统是一门综合性学科，结合地理学与地图学以及遥感和计算机科学，已经广泛应用于不同的领域，是用于输入、存储、查询、分析和显示地理数据的计算机系统。GIS 是一种基于计算机的工具，可以对空间信息进行分析和处理。GIS 技术把地图独特的视觉化效果和地理分析功能与一般的数据库操作(如查询和统计分析等)集成在一起。

1.1.3.2　地理信息系统的组成

从应用的角度出发，地理信息系统主要由五部分组成，即计算机硬件系统、计算机软件系统、空间数据、系统的组织和使用维护人员(也称用户)、方法。其核心内容是计算机硬件和软件，空间数据反映了应用地理信息系统的信息内容，用户决定了系统的工作方式。

(1) 计算机硬件系统

计算机硬件系统是计算机系统中实际物理设备的总称，操作 GIS 所需的一切计算机资源都可以包含进去，这是开发、应用地理信息系统的基础。目前，从中央计算机服务器到桌面计算机，从单机到网络环境 GIS 软件可以在很多类型的硬件上运行。一个典型的 GIS 硬件系统除计算机外，还包括数字化仪、扫描仪、绘图仪、打印机、磁带机等外部设备。

(2) 计算机软件系统

计算机软件系统是指必需的各种程序，如支持信息的采集、处理、存储管理和可视化输出的计算机程序系统。对于 GIS 应用而言，通常包括计算机系统软件、基础软件、GIS

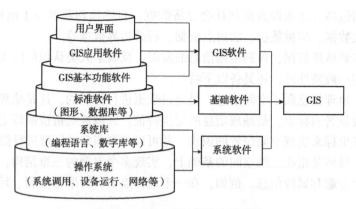

图 1-1　GIS 中的计算机软件系统

软件、应用分析程序等，如图 1-1 所示。

系统软件主要是计算机的操作系统以及各种标准外设的驱动软件，系统软件关系 GIS 软件和开发语言使用的有效性，是 GIS 软硬件环境的重要组成部分。

基础软件主要包括数据库软件、图形平台和 GIS 软件。

(3) 空间数据

空间数据是指以地球表面空间位置为参照的自然、社会和人文经济景观数据，可以是图形、图像、文字、表格和数字等。它是由系统的建立者通过数字化仪、扫描仪、键盘、磁带机或其他系统通信输入 GIS，是系统程序作用的对象，是 GIS 所表达的现实世界经过模型抽象的实质性内容。空间数据一般由基础地理数据、社会调查数据、行业专题数据等组成。空间数据包括矢量数据和栅格数据两种类型：矢量数据是以坐标或拓扑关系来表示空间点、线、面等实体的图形数据；栅格数据是指用像元的行列号确定位置，用像元灰度值表示实体属性的图形数据。

(4) 人员

GIS 的开发是以人为本的系统工程，人员是 GIS 中的重要构成，人员的业务素质与专业知识是 GIS 工程及应用成功的关键。GIS 不同于一幅地图，是一个动态的地理模型。仅有系统软硬件和数据还不能构成完整的地理信息系统，需要人员进行系统组织、管理、维护和数据更新、系统扩充完善、应用程序开发，并灵活采用地理分析模型提取多种信息，为研究和决策服务。

(5) 方法

这里的方法主要是指空间信息的综合分析方法，即常说的应用模型。它是在对专业领域的具体对象与过程进行大量研究的基础上总结出的规律的表示。GIS 应用就是利用这些模型对大量空间数据进行综合分析来解决实际问题的。

1.1.3.3　地理信息系统的主要功能

地理信息系统是一种基于计算机的工具，可以对在地球上存在的东西和发生的事件进行成图和分析。GIS 技术把地图独特的视觉化效果和地理分析功能与一般的数据库操作(如查询和统计分析等)集成在一起。这种能力使 GIS 与其他信息系统相区别。

人类活动中75%~80%的信息与地理空间位置有关，同时当今世界面临的最主要挑战是人口过多、环境污染、森林破坏、自然疾病等，这些都与地理因素有关。

GIS软件基本功能如下。

(1) 数据采集、检验与编辑功能

从不同数据源中输入数据(包括数字化仪、扫描仪、文本文件以及大多数常用空间数据格式)，同时也提供将信息输出到其他程序的方法。

(2) 数据处理管理功能

包括数据集构建、空间要素及其属性编辑，以及坐标系统和投影管理功能等。

(3) 空间数据分析功能

空间分析是一种基于地理对象的位置和形态特征的空间数据分析技术，其目的在于提取和传输空间信息。通过空间分析可以揭示数据库中数据所包含的更深刻、更内在的规律和特征。主要的分析功能有叠置分析、缓冲区分析、泰森多边形分析、地形分析、网络分析等。

(4) 地图布局功能

使用图名、比例尺、指北针和其他地图元素创建地图软硬拷贝。

(5) 专题制图功能

即以地图形式显示数据。包括采用不同方法对地图要素进行符号化处理，以及组合地图图层来用于表达。

(6) 查询、检索功能

查询、检索是地理信息系统以及许多其他自动化地理数据处理系统应具备的最基本的分析功能。GIS的查询功能可以概括为属性查询、图形查询、关系查询和逻辑查询4种类型。

(7) 显示与输出功能

地理信息系统为用户提供了许多用于显示地理数据的工具，其表达形式既可以是计算机屏幕显示，也可以是报告、表格、地图等硬拷贝图件，尤其要强调的是地理信息系统的地图输出功能。

1.1.3.4 ArcGIS的应用

(1) GIS在林业行业中的应用

GIS能快速准确地获取气候、土壤、河流、植被、地形等自然因素和人口、铁路、公路等人文因素相关数据，能高效地组织和管理多种来源和组织形式的林业资源原始数据和统计数据，并在数据集成和数据融合的基础上借助强大的空间分析功能，清晰直观地表现数据之间的联系和发展趋势，实现数据可视化、空间地理分析与实际应用的集成，满足森林资源管理和领导决策的需求，进而可以利用GIS对森林资源质和量的变化进行动态监测与规划。所以说，GIS的应用从根本上改变了传统的森林资源信息管理的方式，成为现代森林经营管理的崭新工具，为林业现代化建设提供了新的管理手段，可以为林业的可持续发展提供技术支撑。

近年来，GIS 技术在林业领域的应用非常广泛，国内外林业工作者广泛应用 GIS 进行资源与环境的变化监测、森林资源管理、综合评价、规划决策服务。GIS 在林业上的应用过程大致分为三个阶段：一是 GIS 作为森林调查的工具；二是 GIS 作为资源分析的工具；三是 GIS 作为森林经营管理的工具。

①GIS 在林业专题图制作中的应用：林业专题图是在林业生产活动中形成的以林业和林业生产诸要素为主要内容的空间分布图，具有直观、使用方便等特点，所以在森林资源调查、森林经营管理、造林规划设计中得到了普遍应用，成为必不可少的林业技术资料。

②GIS 在森林资源调查与监测中的应用：森林资源调查与评估、森林资源动态变化监测、森林病虫害监测与综合防治和荒漠化监测与防治。

③GIS 在森林资源管理中的应用：主要体现在森林资源档案建立与管理、林业用地变化监测、森林资源动态监测、森林病虫害防治、森林防火等方面。

(2) 在 ArcGIS 其他行业的应用

①地勘行业：GIS 在矿业中的应用，如矿产资源勘查评价、矿产资源储量管理、矿山动态监测与预警、数字矿山等方面。

②自然资源管理：包括地籍信息管理、土地评价与利用规划、土地利用动态监测和土地政策的模拟。

③农业资源管理：未来的农业应用将更多涉及精细农业、农作物监测及估产、农田水淹没分析以及绿色农业等方面。

④交通运输：包括铁路勘探设计、运输管理、城市道路的规划和设计、高速公路建设等方面。

⑤综合管线：石油天然气地下管道和自来水管道的管理、建设、应用、监控。

⑥电力：配电、输变电、城市电网中网线的管理、监控、自动化。

⑦水利解决方案：水利行业信息管理的标准化、网络化、空间化和决策的科学化提供了有效的工具。如排水信息系统、水文总站信息管理系统。

⑧电信：WebGIS、移动 GIS。

⑨公安与消防：消防、警用、灭火作战。

⑩生态环境：生态环境监测及应急指挥系统。提高生态环境监测、污染事故处理等日常业务。

⑪气象：灾害监测、灾害预警与评估环境质量管理等。

⑫石油：油田地面建设工程、石油勘探开发数据管理。

1.1.3.5 ArcGIS 10 概述

自 1978 年以来，美国环境系统研究所(Environment System Research Institute，ESRI) 相继推出了多个版本系列的 GIS 软件，其产品不断更新扩展，构成适用各种用户和机型的系列产品。ArcGIS 是 ESRI 在全面整合 GIS 与数据库、软件工程、人工智能、网络技术及其他多方面的计算机主流技术之后，成功推出的代表 GIS 最高技术水平的全系列 GIS 产品。ArcGIS 是集空间数据显示、编辑、查询检索、统计、报表生成、空间分析和高级制图等众多功能于一体的桌面应用平台。

ArcGIS 10 是 ESRI 开发的新一代 GIS 软件,是世界上应用广泛的 GIS 软件之一。ArcGIS 10 由桌面 GIS(ArcGIS Desktop)、服务端 GIS(ArcGIS Server)、移动 GIS(Mobile ArcGIS)、在线 GIS(ArcGIS Online)组成。其中 ArcGIS Desktop 由四大桌面软件(ArcCatalog、ArcMap、ArcGlobe、ArcScene)外加工具箱(ArcToolbox)组成。

(1) ArcMap 窗口组成

ArcMap 窗口主要由主菜单栏、工具栏、内容列表、地图显示窗口等四部分组成,另外 ArcMap 10 新增了目录和搜索的内容放在菜单条的窗口里,与 ArcCatalog 中的目录树和搜索窗口功能相同。如图 1-2 所示。

如果地图文档中包含两个或两个以上数据框,内容列表将依次显示所有数据框,但只有一个数据框是当前数据框,其名称以加粗方式显示。若要进入另一数据框,需要激活该数据框,如图 1-3 所示。每个数据框都由若干图层组成,图层在内容列表中显示的顺序将决定在地图显示窗口中的上下层叠加顺序,系统默认是按照点、线、面的顺序显示。每个图层前面有两个小方框,其中一个方框为"+/-"号,用于显示更多图层信息与否;另一个小方框为"√"号,用于控制图层在地图显示窗口的显示与否。可以按住 Ctrl 键并进行单击可同时打开或关闭所有地图图层。

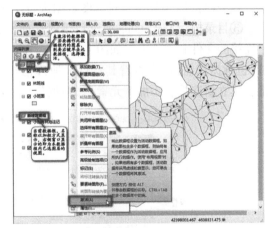

图 1-2　ArcMap 窗口　　　　　　图 1-3　内容列表中数据框的激活操作

①地图视图:是数据显示的场所,可分为数据视图和布局视图。

②目录窗口:主要用于组织和管理地图文档、图层、地理数据库、地理处理模型和工具等基于文件的数据等。使用目录窗口中的树视图与使用 Windows 资源管理器非常相似,只是目录窗口更侧重查看和处理 GIS 信息。它将以列表的形式显示文件夹连接、地理数据库和 GIS 服务。可以使用位置控件和树视图导航到各个工作空间文件夹和地理数据库。搜索窗口可对本地磁盘中的地图、数据、工具进行搜索,如图 1-4 所示。

(2) ArcCatalog 窗口组成

ArcCatalog 窗口主要由主菜单栏、工具栏、目录树、内容显示窗口组成。

①主菜单栏:ArcCatalog 窗口主菜单栏由【文件】、【编辑】、【视图】、【转到】、【地理处理】、【自定义】、【窗口】和【帮助】8 个菜单组成。其中除【文件】菜单外,其他菜单功能

项目一　初识 GIS

图 1-4　目录窗口

与 ArcMap 基本一致。

②工具栏：ArcCatalog 中常用的工具栏有【标准】工具条、【位置】工具条和地理工具条，其中【标准】工具条是对地图数据进行操作的主要工具。

③目录树：ArcCatalog 通过目录树管理所有地理信息项，通过它可以查看本地或网络上连接的文件和文件夹，如图 1-5 所示。选中目录树中的元素后，可在右侧的内容显示窗口（也称浏览窗口）中查看其特性、地理信息以及属性。也可以在目录树中对内容进行编排、建立新连接、添加新元素（如数据集）、移除元素、重命名元素等。

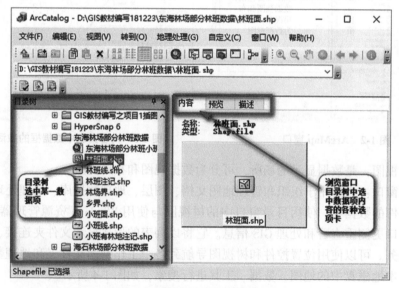

图 1-5　目录树窗口与内容显示窗口

④内容显示窗口：内容显示窗口是信息浏览区域，包括【内容】、【预览】和【描述】3 个选项卡。在这里可以显示选中文件夹中包含的内容、预览数据的空间信息、属性信息以及元数据信息。

· 8 ·

1.1.4 任务实施

子任务一 启动 ArcMap

启动 ArcMap 有以下 4 种方式。

(1) 从桌面方式启动 ArcMap

如果在软件安装过程中已经创建了 ArcMap 桌面快捷方式，直接双击 ArcMap 快捷方式图标，在【ArcMap 启动】对话框中，单击【新建地图】，在右边空白区域选择【空白地图】，单击【确认】按钮，完成 ArcMap 的启动。

(2) 从 Start(开始) 菜单启动 ArcMap

单击 Windows 任务栏中【开始】→【程序】→【ArcGIS】→【ArcMap】启动应用程序。

(3) 在 ArcCatalog 中启动 ArcMap

在 ArcCatalog 中单击标准工具条上的 按钮，启动 ArcMap，如图 1-6 所示。

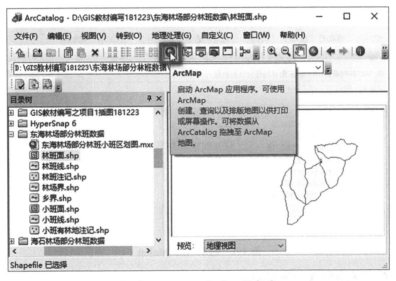

图 1-6 通过 ArcCatalog 标准工具启动 ArcMap

(4) 在资源浏览器中启动 ArcMap

扩展名为 .mxd 的文档是 ArcMap 保存的工程文档。可以通过双击该类文档来启动 ArcMap，并加载该工程文档。

① 在资源浏览器中找到扩展名为 .mxd 的目标文档。
② 双击该文件(＊.mxd)。

子任务二 创建空白地图文档

创建空白地图文档主要有以下几种方式。

(1) 通过 ArcMap 启动对话框创建

在【ArcMap 启动】对话框中，单击【我的模板】，在右边空白区域选择【空白地图】，单击【确认】按钮，完成空白地图文档的创建。

（2）通过【文件】菜单创建

在 ArcMap 中，单击【文件】菜单下的【新建】按钮，打开【新建文档】对话框，在右边空白区域选择【空白地图】，单击【确认】按钮，完成空白地图文档的创建。

（3）通过工具栏创建

在 ArcMap 中，单击工具栏上的【新建】按钮，打开【新建文档】对话框，在右边空白区域选择【空白地图】，单击【确认】按钮，完成空白地图文档的创建。

子任务三　启动 ArcCatalog

启动 ArcCatalog 有以下 3 种方式。

（1）从桌面方式启动 ArcCatalog

如果在软件安装过程中已经创建了桌面快捷方式，直接双击 ArcCatalog 快捷方式图标，启动应用程序，如图 1-7 所示。

图 1-7　启动 ArcCatalog

（2）从开始菜单启动 ArcCatalog

Windows 任务栏中单击【开始】→【程序】→【ArcGIS】→【ArcCatalog】，启动 ArcCatalog。但这种方式打开的 ArcCatalog 其右侧浏览窗口（内容显示窗口）内，无【内容】、【预览】和【描述】选项卡，只显示内容。

（3）在 ArcMap 中启动 ArcCatalog

在 ArcMap 中单击标准工具条上的 按钮启动 ArcCatalog。

1.1.5　巩固练习

①什么是地理信息系统？地理信息有哪些特征？
②地理信息系统由哪几部分组成？
③地理信息系统有哪些功能？
④地理信息系统在林业上有哪些应用？

任务1.2 浏览林业空间数据

1.2.1 任务描述

GIS作为获取、处理、管理和分析地理空间数据的重要工具,近年来得到了广泛关注和迅猛发展。本任务主要介绍如何使用GIS软件来浏览林业空间数据。

ArcMap是一个可用于数据输入、编辑、查询、分析等功能的应用程序,具有基于地图的所有功能,实现如地图制图、地图编辑、地图分析等功能。本任务将从ArcMap的启动与关闭、窗口组成、快捷菜单以及浏览数据等方面学习ArcMap。

ArcCatalog是ArcGIS Desktop中最常用的应用程序之一,它是地理数据的资源管理器,用户通过ArcCatalog来组织、管理和创建GIS数据。本任务同时介绍使用ArcCatalog管理林业空间数据。

1.2.2 任务目标

①能熟练运用ArcMap进行数据浏览及查询。
②学会使用ArcCatalog进行林业空间数据的组织与管理。

1.2.3 相关知识

ArcMap是ArcGIS Desktop中一个主要的应用程序,具有基于地图的所有功能,包括制图、地图分析和编辑。GIS是一个包含了用于表达通用GIS数据模型(要素、栅格、拓扑、网络等等)的数据集的空间数据库。从空间可视化的角度看,GIS是一套智能地图,同时也是用于显示地表上的要素和要素间关系的视图。底层的地理信息可以用各种地图的方式进行表达,而这些表现方式可以被构建成"数据库的窗口",来支持查询、分析和信息编辑。

1.2.4 任务实施

子任务一 利用ArcMap浏览空间数据

(1)打开地图文档

打开已创建的地图文档主要有以下几种方式。

①通过【ArcMap启动】对话框打开:在【ArcMap启动】对话框中,单击【现有地图】→【最近】来打开最近使用的地图文档,如图1-8所示。也可以单击【浏览更多】,定位到地图文档所在文件夹,打开地图文档。

②通过菜单栏打开:在ArcMap中,单击【文件】菜单下的【打开】按钮,打开【打开】对话框,选择一个已创建的地图文档,单击【打开】按钮,完成地图文档的打开。

③通过工具栏打开:在ArcMap中,单击工具栏上的【打开】按钮,打开【打开】对话

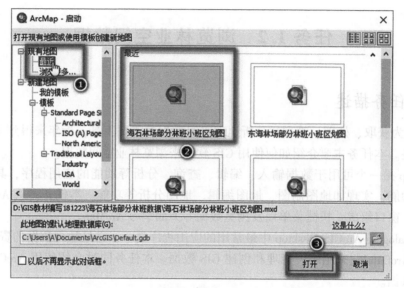

图1-8 打开最近已浏览的地图文档对话框

框,选择一个已创建的地图文档,单击【打开】按钮,完成地图文档的打开。

④直接打开已创建的地图文档:直接双击现有的地图文档打开地图文档,这是最常用的打开地图文档的方式。

(2) 保存地图文档

如果对打开的 ArcMap 地图文档进行过一些编辑修改,或创建了新的地图文档,就需要对当前编辑的地图文档进行保存。

①地图文档保存:如果要将编辑修改的内容保存在原来的文件中,单击工具栏上的【保存】按钮或在 ArcMap 主菜单中单击【文件】→【保存】,即可保存地图文档。

②地图文档另存为:如果需要将地图内容保存在新的地图文档中,在 ArcMap 主菜单中单击【文件】→【另存为】,打开【另存为】对话框,输入【文件名】,单击【确定】按钮,即可将地图文档保存在一个新的文件中。

(3) 加载图层数据

①在【标准】工具条上单击【添加数据】按钮,打开【添加数据】对话框,如图1-9和图1-10所示。

②单击【查找范围】下拉框,浏览到存放林班界.shp、林班面.shp、小班界.shp、小班面和小班地类注记.shp 等5个要素类所在的文件夹,并在列表框中选中这5个要素类,单击【添加】按钮,完成图层数据的添加。

(4) 更改图层图名和显示顺序

默认情况下,添加地图文档中的图层是以数据源名字命名的,可以根据需要更改图层的名称。

①在"小班线"图层上单击左键,选中图层,再次单击左键,图层名称进入编辑状态,输入新名称"XBX"。也可以通过【图层属性】更改图层图名,右键单击"小班面"图层,在弹出的菜单中单击【属性】(或双击"林班界"图层),打开【图层属性】对话框,在【常规】选

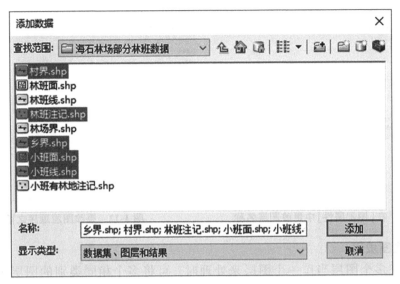

图 1-9 【添加数据】对话框

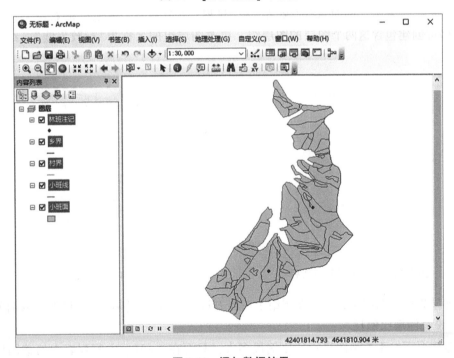

图 1-10 添加数据结果

项卡下【图层名称】文本框中输入新名称"XBM",如图 1-11 所示。

②图层在内容列表中的排列顺序决定了图层在地图中的绘制顺序,图层的排列顺序按照点、线、面要素类型以及要素重要程度的高低依次由上而下进行排列。

③在内容列表中单击选中"XBM"图层,按住鼠标左键向上拖动至"林班注记"上面释放左键完成图层顺序调整,如图 1-12 和图 1-13 所示。

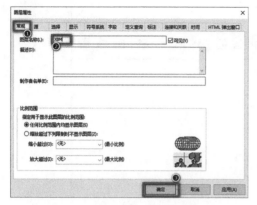

图 1-11 在【图层属性】中更改图层名称

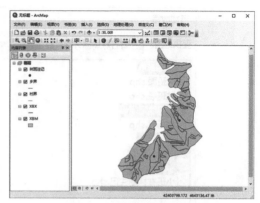

图 1-12 更改图层顺序之前

(5) 创建图层组

当需要把多个图层当作一个图层来处理时，可将多个相同类别的图层组成一个图层组。

①在内容列表中，同时选中"乡界"和"村界"两个图层，单击鼠标右键，然后单击【组】，即可创建包含这两个图层的图层组。更改图层组的名称为"行政界线"，结果如图 1-14 所示。

图 1-13 更改图层顺序之后

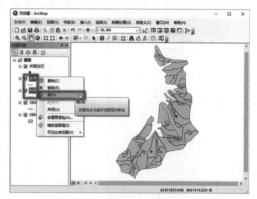

图 1-14 创建图层组

②如果想取消图层组，可在图层组上单击右键，然后单击【取消分组】即可取消分组。

(6) 设置图层比例尺

通常情况下，不论地图显示的比例尺多大，只要在 ArcMap 内容列表中勾选图层，该图层就始终处于显示状态。如果地图比例尺很小，就会因为地图内容过多而无法清楚地表达。为了解决这个问题，就需要设置各图层的显示比例尺范围。显示比例尺范围的设置分绝对比例尺和相对比例出两种。

①设置绝对比例尺：具体操作步骤如下。

◆双击"XBM"图层(或右键单击"XBM"图层，选择属性)，打开【图层属性】对话框，如图 1-15 所示。

◆在【常规】选项卡【比例范围】下，单击【缩放超过下列限制时不显示图层(Z)】变为单选状态,在【缩小超过】后面选择已列出的比例或输入列表中没有的比例,本次输入60000,在【放大超过】后面输入20000,单击【确定】按钮,完成设置。

◆若要还原,则在【常规】选项卡【比例范围】下,单击【任何比例范围内均显示图层(S)】,单击【确定】按钮,完成设置。

图 1-15 【图层属性】常规选项卡对话框

◆【标准】工具条内输入超过最小比例的数值,如"61000",则被设置的该图层不显示。同样输入超过最大比例的数值时,该图层也不显示。

②设置相对比例尺:具体操作步骤如下。

◆在地图显示窗口中,将视图缩小到一个合适的范围(如本次为60000),在"小班面"图层上单击右键,然后单击【可见比例范围】→【设置最小比例】,设置该图层的最小相对比例尺。当再缩小时(如本次为80000),图不可见,如图1-16和图1-17所示。

图 1-16 设置相对比例尺　　　　图 1-17 设置最小比例尺后再缩小则小班面不显示

◆放大视图到一个合适的范围(如本次为20000),单击【可见比例范围】→【设置最大比例】，设置该图层的最大相对比例尺，当再放大时，图不可见，如图1-18所示。

◆若想恢复任意比例尺均可显示，则单击【可见比例范围】→【清除比例范围】，即可实现所有比例均能显示图层。

(7) 创建书签

书签可以将某个工作区域或感兴趣区域的视图保存起来，以便在ArcMap视图缩放和漫游等操作过程中，可以随时回到该区域的视图窗口状态。视图书签是与数据组对应的，每一个数据组都可以创建若干个视图书签，书签只针对空间数据，所有又称为空间书签，在布局视图中不能创建书签。

①在地图显示窗口中，将视图缩放或平移到适当的范围，在ArcMap主菜单中单击【书签】→【创建】，打开【创建书签】对话框，如图1-19所示。在【书签名称】文本框中输入书签名称(41林班)，如图1-20所示。

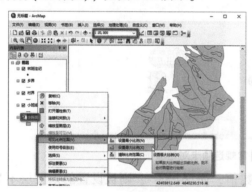

图1-18 设置最大比例尺

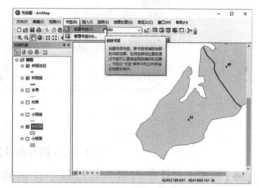

图1-19 【书签】下拉菜单

图1-20 【创建书签】对话框

②单击【确定】按钮，保存书签。通过漫游和缩放等操作重新设置视图区域或状态，重复上述步骤，可以创建多个视图书签。若要快速回到刚才定义的书签"41林班"按图1-21所示操作即可。

③如果要把创建的书签保存到地图文档中，需要在【标准】工具条上单击【保存】按钮。

(8) 设置地图提示信息

地图提示以文本方式显示某个要素的某一属性，当将鼠标放在某个要素上时，将会显示地图提示。

①在内容列表中，双击"林班注记"图层(或右键单击"林班面"图层，选择属性)，打开【图层属性】对话框，如图1-22所示。

②在【显示】选项卡下，单击显示表达式下的【字段】下拉框选择"G_ LINBANHA"字段，单击选中【使用显示表达式显示地图提示】复选框，使其前面方框被勾选，单击【确定】按钮，完成设置。

任务 1.2　浏览林业空间数据

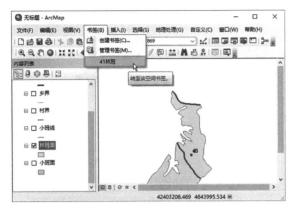

图 1-21　转到已设置的书签"41 林班"

图 1-22　【图层属性】显示选项卡对话框

③将鼠标保持在"林班注记"或"林班面"图层中的任意一个要素上，这个要素的"林班"字段内容就会作为地图提示信息显示出来，如图 1-23 所示。

（9）查询地理要素信息

在 ArcMap 中，可以通过点击【工具】工具条上的 ⓘ 按钮，在地图显示窗口查询任意一个要素的属性。

①在地图显示窗口中，点击 40 林班中表示"17"（即 17 小班的注记）的点要素，打开【识别】结果对话框，如图 1-24 所示。

②在【识别】结果对话框中显示数据库中名为"17"的所有属性。

③单击【识别】结果对话框左边的"小班有林地注记"或"211502（县代码）"，在地图显示窗口可以看到这个要素在闪烁显示。

④点击【识别】结果对话框右上角的【关闭】按钮，关闭【识别】结果对话框，结束查询。

图 1-23　图层属性显示结果

（10）查询其他属性信息

在内容列表中，右击"小班有林地注记"图层，在弹出菜单中单击【打开属性表】，打开【表】对话框，结果如图 1-25 所示。其中包含了有关"小班有林地注记"图层的多项属性数据。这个表中的每一行是一个记录，每个记录表示"小班有林地注记"图层中的一个要素。图层中要素的数目也就是数据表中记录的个数，显示在属性表窗口的底部。用同样的方法，查看其他图层的属性。

（11）超链接

ArcGIS 中超链接有两种形式：字段属性值设置和利用【识别】工具添加超链接。

· 17 ·

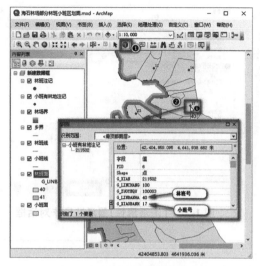

图 1-24 【识别结果】对话框

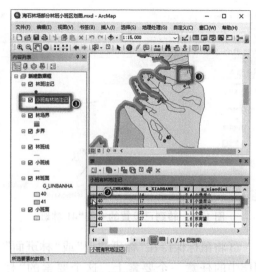

图 1-25 "小班有林地注记"属性表

第一种超链接形式:字段属性值设置。

①在内容列表中"林班注记"图层上单击右键,在弹出的快捷菜单中,单击【打开属性表】,打开【表】窗口。

图 1-26 表选项中添加字段

②添加一文本型字段"超链接"。鼠标左键点击表选项图标,然后点击【添加字段】,如图 1-26 所示。在【添加字段】对话框的【名称】后输入"超链接",【类型】后选择"文本",长度保证够用的字节,如输入 60。然后按【确定】。其中选择"40"(第 40 林班)记录的"超链接"字段值,点击[标准工具栏]上的,打开[编辑器],选择[开始编辑],如图 1-27 所示。在"超链接"字段值对应的格内输入要添加的超链接路径,如:D:\项目一\任务2,然后在【编辑器】中,选择【停止编辑】,如图 1-28 所示。

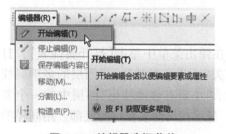

图 1-27 编辑器选择菜单

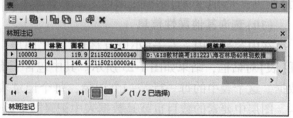

图 1-28 第 40 林班添加超链接

③双击"林班注记"图层,打开【图层属性】对话框,单击【显示】标签,在【超链接】区域中选中【使用下面的字段支持超链接】复选框,然后选择"超链接"字段,如果超链接不

是网址或宏,则选择"文档",单击【确定】按钮,关闭【图层属性】对话框,如图1-29所示。

④这时【工具】工具条中的 🖋 工具就可用了,点击这个工具,移动鼠标 🖋 到"40"要素上,即可看到属性字段超链接的提示信息(如"D:\项目一\任务2")。鼠标 🖋 到"40"要素上时单击左键,进入到超链接到的文件夹。

第二种超链接形式:利用【识别】工具添加超链接。

①利用 ⓘ 工具,在视图中点击要添加超链接的要素"苗圃地"对应的符号■,打开【识别】对话框,如图1-30所示。

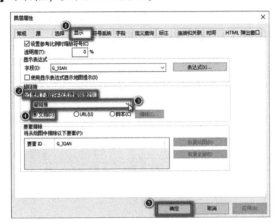

图1-29 第40林班超链接显示设置

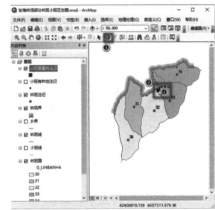

图1-30 打开【识别】工具

②右击【识别】对话框左边的"苗圃地",在弹出的菜单中选择【添加超链接】,如图1-31所示。

打开【添加超链接】对话框,选择【链接URL】,输入网址:例如,https://baike.so.com/doc/6989087-7211939.html,即可将此要素同网址建立链接,单击【确定】按钮,完成设置,如图1-32所示。

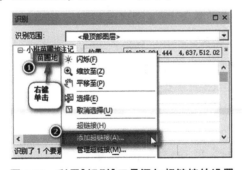

图1-31 利用【识别】工具添加超链接的设置

图1-32 超链接到URL的设置

③单击【工具】工具条中的 🖋 按钮,在地图显示窗口中单击添加了超链接的要素苗圃地,即可显示该链接,单击左键即可打开设置的网址。

(12)按属性选择要素

如果需要显示满足特定条件的要素,就可以通过构建SQL语句对要素进行选择,这里以选择及定位辽宁省和山东省为例进行说明。

①单击菜单【选择】→【按属性选择】命令，打开【按属性选择】对话框，如图 1-33 所示。

②在【图层】下拉列表中选择"林班面"图层，在【方法】下拉列表中选择"创建新选择内容"；在字段列表中，调整滚动条，双击"G_LINBANHA"，然后单击"="按钮，再点击"获取唯一值"按钮，在唯一值列表框中，找到"33"后双击，通过构造表达式（SELECT * FROM 林班面 WHERE:）"G_LINBANHA"="33"，从数据库中找出 33 林班，如图 1-34 所示。

③单击【确认】按钮，关闭【按属性选择】对话框，在地图显示窗口中，属性为"33"的 33 林班被高亮显示，如图 1-35 所示。选中的这个面就是 33 林班的区域。

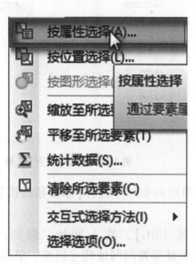

图 1-33 【选择】菜单【按属性选择】

图 1-34 【按属性选择】对话框

图 1-35 按属性选择单一记录结果

④也可同时选择多个记录。在唯一值列表框中，找到"33"双击后，单击"Or"，再双击"G_LINBANHA"，然后单击"="按钮，再点击"获取唯一值"按钮，在唯一值列表框中，找到"31"后双击，从数据库中找出33林班和31林班两个记录区域，如图1-36所示。

⑤单击【确认】按钮，关闭【按属性选择】对话框，在地图显示窗口中，属性为"33"和"31"的两个林班被高亮显示，如图1-37所示。选中的这两个面就是34林班和31林班的区域。

（13）按空间关系选择要素

通过位置选择要素是根据要素相对于同一图层要素或另一图层要素的位置来进行的选择，现在以东海林场32林班小班区划选择与5小班相邻的小班为例进行说明。

①首先用 选择5小班所在区域，单击菜单【选择】→【按位置选择】命令，打开【按位置选择】对话框，如图1-38所示。

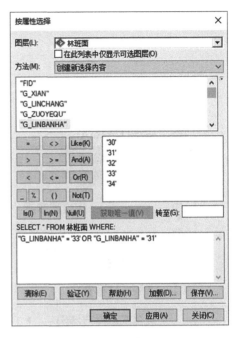

图1-36 【按属性选择】多个记录对话框

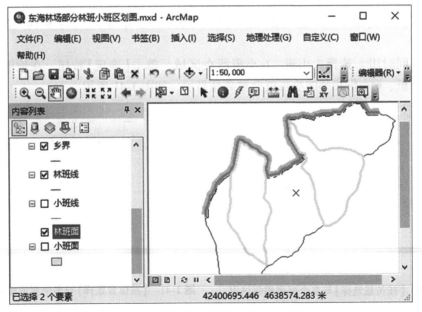

图1-37 【按属性选择】多个记录结果

②在【选择方法】下拉列表中选择"从以下图层中选择要素"；在【目标图层】中选择"小班面_Select1"的复选框；在【源数据】下拉列表中选择"小班面_Select1"；在【目标图层要素的空间选择方法】下拉列表中选择"与原图层要素相交"，如图1-39所示。

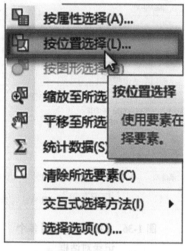

图 1-38 【选择】下拉列菜单【按位置选择】

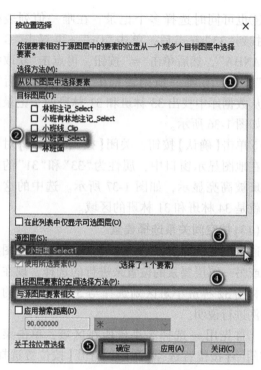

图 1-39 【按位置选择】对话框

③单击【确定】按钮，在地图显示窗口中，与5小班相邻的小班就会被高亮显示，如图1-40 所示。

同法，同时用 选择3小班、6小班所在区域，单击【确定】按钮，在地图显示窗口中，与3小班、6小班相邻的小班就会被高亮显示，如图1-41 所示。

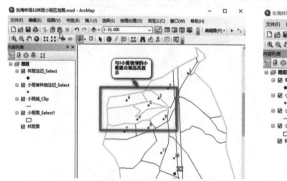

图 1-40 【按位置选择】与单个要素相邻结果

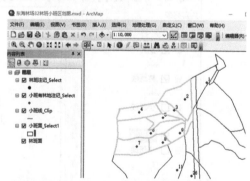

图 1-41 【按位置选择】与多个要素相邻结果

④在内容列表中，右击"小班面_ Select1"图层，打开属性表，在属性表中与3小班、6小班均相邻的小班的信息记录也被高亮显示出来，如图1-42 所示。

(14) 测量距离和面积

通过测量工具可以对地图中的线和面进行测量。也可以使用此工具在地图上绘制一条线或一个面，然后获取线的长度与面的面积；也可以直接单击要素，然后查看该要素的测量信息。在【工具】工具条上单击测量按钮，打开【测量】对话框，如图1-43所示，选择相应的测量工具进行测量，可以测量自己绘制的线长度、多边形的面积和周长，也可以测量要素(点、线或面)的坐标、长度、面积和周长等。另外，要测量过程中可以选择距离和面积的单位。

图1-42 "小班面_Select1"属性表

图1-43 测量工具

(15) 设置数据路径

ArcMap地图文档中只保存各图层所对应的源数据的路径信息，通过路径信息实时地调用源数据。由于每次加载地图文档时，系统都会根据地图文档中记录的路径信息去指定的目录中读取数据源，所以，当地图文档数据存储为绝对路径时，存储路径一旦发生变化，地图中将不显示该图层的信息，图层面板上会出现很多红色感叹号。如果不希望出现上述情况，就需要将存储路径设置为相对路径，设置步骤如下：

①单击菜单【文件】→【地图文档属性】命令，打开【地图文档属性】对话框，如图1-44所示。

②选中【存储数据源的相对路径名】复选框，单击【确定】按钮，完成设置。

(16) 保存地图并退出ArcMap

单击菜单【文件】→【退出】命令，如果系统提示保存修改，点击"是"，关闭ArcMap窗口。

图1-44 【地图文档属性】对话框

子任务二 利用ArcCatalog浏览空间数据

(1) 启动ArcCatalog

在Windows任务栏中单击【开始】→【程序】→【ArcGIS】→【ArcCatalog】，启动ArcCatalog。

(2) 连接文件夹

ArcCatalog 不会自动将所有物理盘符添加至目录树，若要访问本地磁盘的地理数据，就需要手动地连接到文件夹。

①在【标准】工具条上，单击 按钮，打开【连接到文件夹】对话框，选择要访问的文件夹，单击【确定】按钮，建立连接，该连接将出现在 ArcCatalog 目录树中。

②若要断开连接，首先选中要取消连接的文件夹，然后单击【标准】工具条上的 按钮，或者直接点击右键，在弹出菜单中选择【断开文件连接】，断开与文件夹的连接。

(3) 浏览数据

①内容浏览：在目录树中选择一个文件夹或数据库，在【内容】选项卡中就会列出选中文件夹或者数据库中的内容，我们可以根据自己的要求选择大图标、列表、详细信息和缩略图的排列显示方式查看地理内容，如图 1-45 所示。

图 1-45 ArcCatalog 内容显示

②数据预览：在目录树中选中需要查看的数据，在内容显示窗口调整为【预览】选项卡，即可预览到相应的信息。可以通过界面下方的【预览】下拉列表选择预览的内容。若界面下方的【预览】选择为"地理视图"，则预览的是该数据的空间信息，若选择的是"表"，则预览的是其属性信息，如图 1-46 和 1-47 所示。

图 1-46 预览地理视图

图 1-47 预览表

③元数据信息浏览：所谓元数据，即是对数据基本属性的说明。ArcGIS 使用标准的元数据格式记录了空间数据的一些基本信息，例如，数据的主题、关键字、成图目的、成图单位、成图时间、完成或更新状态、坐标系统、属性字段等。元数据是对数据的说明，通过元数据，我们可以更方便地进行数据的共享与交流。在目录树中选中需要查看的数据，在内容显示窗口调整为【描述】选项卡，就可以查看数据的元数据信息，如图 1-48 所示。

(4) 创建图层文件

在 ArcMap 中制作的图层是与地图文档一起保存的，在完成了图层的标注和符号设置后，通过【数据层操作快捷菜单】另存一个独立于地图文档之外的图层文件，以便在其他地图中使用。在 ArcCatalog 中，也可以创建图层文件，创建图层文件有两种途径。

①通过菜单创建：具体操作步骤如下。

◆在目录树窗口中，选中要创建图层文件的文件夹，单击【文件】→【新建】→【◆图层】命令，打开【创建新图层】对话框，如图 1-49 和图 1-50 所示。

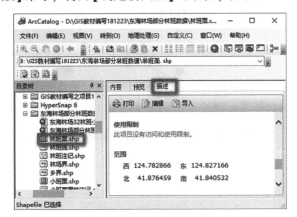

图 1-48　元数据信息浏览

图 1-49　ArcCatalog 创建新图层

◆在【为图层指定一个名称】文本框中输入图层文件名"林班区划"，单击浏览数据按钮◆，打开【浏览数据】对话框，选定创建图层文件的地理数据，单击【添加】按钮，然后关闭【浏览数据】对话框。

◆单击选中【创建缩略图】和【存储相对路径名】复选框，单击【确定】按钮，完成图层文件的创建。

◆双击林班区划图层文件，在打开的【图层属性】对话框中的【常规】选项卡设置图层的名称"林

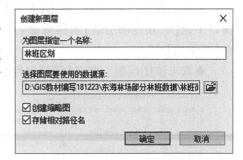

图 1-50　ArcCatalog【创建新图层】对话框

班区划"、【标注】选项卡标注字段选择"G_LINBANHA"、文本符号等属性。单击【确定】，结果如图 1-51 和图 1-52 所示。

②通过数据创建：在目录树窗口中，在需要创建图层文件的数据源上点右键，在弹出菜单中，单击【◆创建图层】命令，打开【将图层另存为】对话框，指定保存位置和输入图层文件名，单击【保存】按钮，完成图层文件的保存，如图 1-53 和图 1-54 所示。

图 1-51　ArcCatalog【创建新图层】内容结果　　图 1-52　ArcCatalog【创建新图层】预览结果

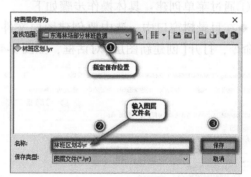

图 1-53　ArcCatalog 通过数据创建新图层　　图 1-54　ArcCatalog 图层另存为对话框

(5) 创建图层组文件

创建图层组文件也有两种途径。

①通过菜单创建：具体操作步骤如下。

◆在目录树窗口中(亦可在 ArcCatalog 内容浏览窗口中)，在要创建图层文件的文件夹上点右键，在弹出菜单中，单击【新建】→【◆图层组】命令，如图 1-55 所示，在【目录树】窗口中把【◆新建图层组】名称重命名为"行政界线"，并按 Enter 键，【◆行政界线】出现在【目录树】中。

◆双击该图层组，打开【图层属性】对话框，如图 1-56 所示。

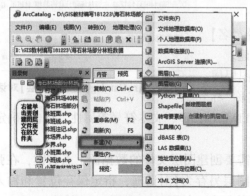
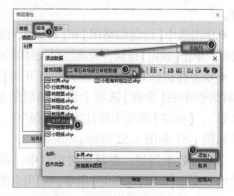

图 1-55　通过菜单创建图层组　　　　　　　图 1-56　【图层属性】对话框

◆在【组合】选项卡中，单击【添加】按钮，添加"村界"和"乡界"两个图层。

◆双击上述两个图层，在打开的【图层属性】对话框中可以设置图层的名称、标注、符号等属性(若不重新设置可忽略此步)。

◆单击【确定】按钮，完成图层组文件的创建。

②通过数据创建：在 ArcCatalog 内容浏览窗口中(注意不是在目录树中)，按住 Shift 键或 Ctrl 键，选中多个地理数据(数据格式必须一致)，在任意一个地理数据上点右键，在弹出菜单中单击【◇创建图层】命令，如图 1-57 所示。打开【将图层另存为】对话框，指定保存位置和输入图层组文件名，单击【保存】按钮，完成图层组文件的保存，如图 1-58 所示。

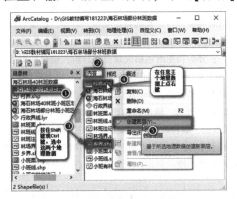

图 1-57 通过数据创建图层组

图 1-58 【将图层另存为】对话框

(6) 退出 ArcCatalog

①单击 ArcCatalog 窗口右上角的【关闭】按钮，关闭 ArcCatalog。

②在 ArcCatalog 主菜单中单击【文件】→【退出】，退出 ArcCatalog。关闭 ArcCatalog 后，ArcCatalog 会自动记忆 ArcCatalog 中已经连接的文件夹，可见的工具栏，ArcCatalog 窗口中各元素的位置，ArcCatalog 还会记住关闭目录树前选择的数据项，并且在下一次启动 ArcCatalog 后再次选择它。

1.2.5 知识拓展

国内外主要 GIS 软件平台见表 1-1。

表 1-1 国内外主要 GIS 软件平台

名称	开发单位	简介
ArcGIS	美国环境系统研究所(ESRI)	影响广、功能强、市场占有率高。在各种平台上可直接共享数据及应用。ARC/INFO 实行全方位的汉化，包括图形、界面，数据库，并支持 NLS(Native Language System)，实现可重定义的自动语言本地化
MapInfo	美国 MapInfo Corporation	稳定的产品性能；广泛的业界支持；广大的用户群体；良好的易用性，产品贴近用户；与其他技术的良好融合；极高的新技术敏感度；极高的性价比

(续)

名称	开发单位	简介
TitanGIS	加拿大阿波罗科技集团、北京东方泰坦科技有限公司	是加拿大阿波罗科技集团面向中国市场推出的一套功能先进、算法新颖、使用灵活和完善的地理信息系统开发软件。泰坦(Titan)不但是一套运行效率高、性能稳定、算法先进的通用 GIS 软件,而且针对中国用户使用 GIS 的特点,专门提供了一系列灵活方便的开发工具,为不同领域的 GIS 用户提供了极大方便
MapGIS	中国地质大学信息工程学院、武汉中地信息工程有限公司	是一个工具型地理信息系统,具备完善的数据采集、处理、输出、建库、分析等功能。其中,数据采集手段包括了数字化、矢量化、GPS 输入、数据转换等;数据处理包括编辑、自动拓扑处理、投影、变换、误差校正、图框生成、图例符号等方面的几百个功能;数据输出既能够进行常规的数据交换、打印,也能够进行版面编排、分色、印刷出高质量的图件;数据建库可建立海量地图库、影像地图库、高程模型库,实现三库合一;分析功能既包括矢量空间分析,也包括对遥感影像、DEM 等数据的常规分析和专业分析。MapGIS 可以输出印刷超大幅面图件,对数据量的唯一限制可能是磁盘的存储容量。MapGIS 还具有二次开发能力
Geo Star	武汉武大吉奥信息工程技术有限公司	用于空间数据的输入、显示、编辑、分析、输出和构建与管理大型空间数据库。Geo Star 最独特的优点在于矢量数据、属性数据、影像数据、DEM 数据高度集成。矢量数据、属性数据、影像数据和 DEM 数据可以单独建库,并可进行分布式管理。通过集成化界面,可以将四种数据统一调度,无缝漫游,任意开窗放大,实现各种空间查询与处理
Super Map GIS	北京超图地理信息技术有限公司	Super MapGIS 由多个软件组成,形成适合各种应用需求的完整的产品系列。Super MapGIS 提供了包括空间数据管理、数据采集、数据处理、大型应用系统开发、地理空间信息发布和移动/嵌入式应用开发在内的全方位的产品,涵盖了 GIS 应用工程建设全过程
Geo Beans	北京中遥地网信息技术有限公司	采用目前国际上的主流计算机技术,独立开发的具有自主版权的网络 GIS 开发平台软件,能为不同用户提供一体化的网络 GIS 解决方案

1.2.6 巩固练习

①如何加载图层数据?如何创建图层组?
②如何设置绝对比例尺?如何设置相对比例尺?
③设置地图提示信息的步骤?
④如何设置数据路径?

项目二　林业空间数据的采集与组织

○ 项目概述

　　林业空间数据采集就是将现有的林业地图、地形图、林业外业观测成果、航空相片、遥感图像、文本资料等转成计算机可以处理与接收的数字形式。数据采集分为图形数据采集和属性数据采集。对于属性数据的采集经常是通过键盘直接输入；图形数据的采集实际上就是图形数字化的过程。数据采集过程中难免会存在错误，所以对图形数据和属性数据进行一定的检查、编辑是很有必要的。

　　林业空间数据组织就是按照一定方式和规则对数据进行归并、存储、处理的过程。把采集后的数据有机地组织在数据库中，以反映客观事物及其联系，这是数据模型要解决的问题。GIS 就是根据地理数据模型实现在计算机上存储、组织、处理、表示地理数据的。数据模型组织的好坏，直接影响到 GIS 系统的性能。

　　ArcGIS 中主要有 Shapefile、Coverage 和 Geodatabase 三种文件格式。Shapefile 由存储空间数据的 shape 文件、存储空间数据的 dBase 表和存储空间数据与属性数据关系的 .shx 文件组成；Coverage 的空间数据存储在二进制文件中，属性数据和拓扑数据存储在 INFO 表中，目录合并了二进制文件和 INFO 表，成为 Coverage 要素类；Geodatabase 是 ArcGIS 数据模型发展的第三代产物，它是面向对象的数据模型，能够表示要素的自然行为和要素之间的关系。

　　本项目主要包括地理配准、Shapefile 文件和空间数据库创建、空间数据采集与编辑、属性数据编辑、空间数据查询以及数据拓扑处理等几个任务。

○ 知识目标

　　①了解林业空间数据的来源，理解地理配准、拓扑及拓扑规则等相关概念。
　　②掌握 Shapefile 文件、地理数据库的结构及建立方法。
　　③掌握图形数据和属性数据的编辑方法。
　　④掌握空间数据的查询方法。

○ 技能目标

　　①能够对扫描地形图进行配准。
　　②能够创建 Shapefile 文件和 Geodatabase 空间数据库。
　　③能够对空间数据(包括图形数据和属性数据)的编辑及查询。

④学会拓扑的建立并能够检查及修改拓扑错误。

任务 2.1　地理配准

2.1.1　任务描述

在林业上使用的栅格数据一般通过扫描地形图、卫星影像或航空影像等渠道获取，但多数扫描影像没有空间参考，而卫星影像和航空影像虽然具有相对准确的位置信息，但在成像过程中会受到卫星姿态与轨道、传感器结构等影响，使遥感影像存在辐射畸变与几何畸变。在这种情况下，就需要使用准确的位置数据来使栅格数据对齐或将其配准到某种地图坐标系，这就是地理配准。本任务就来学习栅格数据的地理配准。

2.1.2　任务目标

①掌握地理配准的概念及地理配准方法。
②能够对扫描地形图进行地理配准。

2.1.3　相关知识

(1)地理配准的概念

地理配准是指用影像上的控制点与参考点之间建立一一对应关系，将影像平移、旋转和缩放，定位到给定的平面坐标系统中，使影像的每一个像素点都具有真实的地理坐标。

(2)地理配准的方法

地理配准是通过控制点的选取，对栅格数据进行坐标匹配和几何校正。经过配准后的栅格数据才具有地理意义，在此基础上采集得到的矢量数据才具有一定地理空间坐标，才能更好地描述地理空间对象，解决实际空间问题。配准的精度直接影响到采集的空间数据的精度，因此，栅格配准是进行地图扫描矢量化的关键环节。

(3)地理配准时注意的问题

控制点选取时，通常是选择地图中经纬线网格的交点、公里网格的交点或者一些典型地物的坐标，也可以将手持 GPS 采集的点坐标作为控制点。选择控制点时，要尽可能使控制点均匀分布于整个栅格图像。

(4)林业上常用的投影

地图投影的分类方法很多，按照构成方法可以把地图投影分为两大类：几何投影和非几何投影。几何投影又分为方位投影、圆柱投影、圆锥投影；非几何投影分为：伪方位投影、伪圆柱投影、伪圆锥投影、多圆锥投影。

高斯-克吕格(Gauss-Kruger)投影是一种横轴等角切椭圆柱投影。我国规定1∶1万、1∶2.5万、1∶5万、1∶10万、1∶25万、1∶50万比例尺地形图，均采用高斯克吕格投影。其中1∶2.5至1∶50万比例尺地形图采用经差6度分带，1∶1万比例尺地形图采用经差3度分带。在林业生产中广泛使用1∶10000地形图，多数使用北京1954坐标系统或西安1980坐标系统，均为高斯-克吕格（Gauss-Kruger）投影。2017年3月，国土资源部（现自然资源部）、国家测绘地理信息局联合发文《关于加快使用2000国家大地坐标系的通知》（国土资发〔2017〕30号），2018年7月1日起全面使用2000国家大地坐标系（CGCS2000）。而购买的遥感数据通常使用UTM投影，因此在生产上使用时，经常需要进行投影转换。

2.1.4 任务实施

(1) 加载扫描地形图

启动ArcMap，点击【标准工具】栏上的【添加数据】按钮，加载扫描形图"lx_dxt.jpg"。

(2) 给数据框设置坐标系

根据需要配准的扫描地形图所使用的坐标系和比例尺，确定所要配准的地形图所使用的坐标系。本例中的地形图使用Beijing 1954 3 Degree GK Zone 42。

图2-1 【数据框属性】对话框

①在【内容列表】窗口中右击"图层"数据框，打开【数据框属性】对话框，如图2-1所示。

②在【属性对话框】中单击【坐标系】选项卡，在这里选择想要使用的坐标系，可以新建或导入坐标系。本例使用辽宁某地区一幅1∶1万地形图，采用北京1954坐标系，因此坐标系选择【投影坐标系】→【Gauss Krugr】→【Beijing1954】→【Beijing 1954 3 Degree GK Zone 42】，当然也可以选择【Beijing 1954 3 Degree GK CM 126E】，如果选择了后者，在输入控制点坐标的时候要把带号去掉。

(3) 添加控制点

对于扫描地形图，控制点选择在公里网格的交点。控制点的数目根据配准的地形图的图面范围而定。一阶多项式控制点至少选择3个；二阶多项式控制点至少选择6个；n阶多项式，控制点至少选择$(n+1)*(n+2)/2$。具体操作如下。

①加载地理配准工具栏：在ArcMap窗口中的【自定义】菜单中单击【工具栏】，再单击【地理配准】，或者在工具栏上右击鼠标，在弹出的快捷菜单中选择【地理配准】菜单命令，打开【地理配准】工具栏，如图2-2所示。

②在【地理配准】工具栏上，点击【添加控制点】按钮，此时，鼠标变成十字形状，

图2-2 【地理配准】工具栏

此时在图上找到相应位置单击鼠标添加控制点,再右键,在弹出的对话框中选择【输入 X 和 Y】,则弹出【输入坐标】对话框,在对话框中输入控制点的坐标值,点"确定"按钮,如图 2-3 所示。

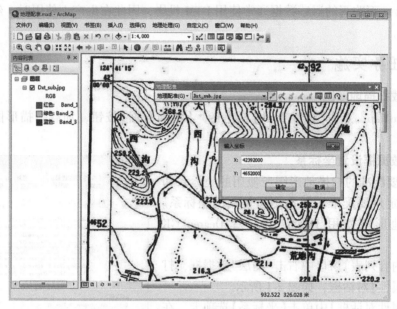

图 2-3 输入控制点坐标

图 2-4 缩放到图层命令

③输入控制点坐标后,如果栅格图在视图窗口中消失,可在【内容列表】窗口中右击需配准的栅格图,在弹出的快捷菜单中选择【缩放到图层】命令,刚才消失的栅格图再次出现在视图中,如图 2-4 所示。

④重复上述操作步骤,继续添加其他控制点,控制点应均匀分布在地图中,且至少选择 3 个以上不在同一直线上的点。

⑤在【地理配准】工具栏中单击【查看链接表】按钮,可以查看已输入的控制点坐标。如果输入的控制点有错误或者某一控制点的误差超出了允许范围,可以在链接表中单击错误的控制点进行选择,然后单击【删除链接】按钮删除该控制点。删除错误的控制点后,可重新添加控制点。1∶1 万的地形图总误差应控制在 1 个像元以内。链接表如图 2-5 所示。

⑥在链接表窗口可以单击保存按钮,来保存控制点坐标,以备将来使用。

⑦重采样生成配准文件:在【地理配准】菜单下,点击【校正】命令,打开另存为对话框,如图 2-6 所示。在该对话框中对像元大小、重采样类型、输出位置、配准后的栅格文

件名、栅格数据的格式及压缩质量等进行设置，设置完成后点保存按钮，对栅格影像进行重新采样，生成配准后的栅格图。

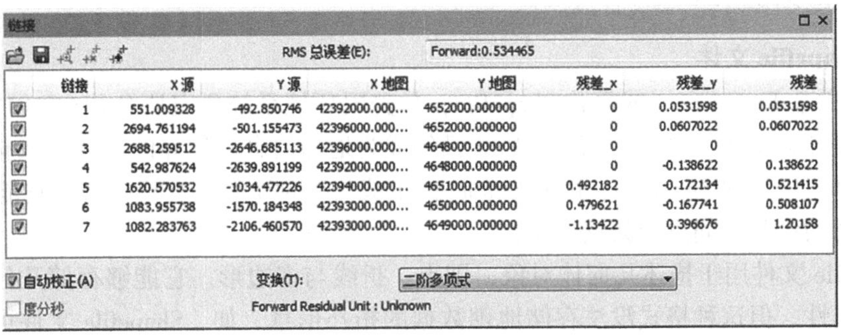

图 2-5 链接表

⑧检验校正结果：在 ArcMap 中加载生成的配准文件，通过查看投影坐标或地形图 4 个角的经纬度坐标检验配准结果，或者与其他有准确投影的参考图（栅格或矢量图）进行叠加显示，也可以检验校正结果。

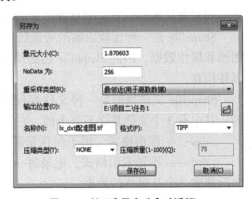

图 2-6 校正【另存为】对话框

2.1.5 成果提交

分别提交当地 1∶1 万和 1∶5 万扫描地形图的配准图。

2.1.6 巩固练习

①什么是地理配准？为什么要进行地理配准？
②选择控制点要注意哪些问题？
③地理配准的步骤如何？

任务 2.2 林业空间数据库的创建

2.2.1 任务描述

林业空间数据采集以后需要按照一定方式和规则对数据进行归并、存储、处理，把采集后的数据有机地组织在数据库中，以反映客观事物及其联系。GIS 就是根据地理数据模型实现在计算机上存储、组织、处理、表示地理数据的。目前，GIS 数据模型和格式有 200 多种，ArcGIS 常用的矢量数据模型主要有 Shapefile、Coverage 和 Geodatabase 三种文件格式，本任务主要学习 Shapefile 和 Geodatabase 两种数据模型的建立。

2.2.2 任务目标

①了解 Shapefile 文件数据模型，学会 Shapefile 文件的创建。

②了解 Geodatabase 数据模型，能够创建 Geodatabase 数据库。

2.2.3 相关知识

(1) Shapefile 文件

ESRI Shapefile(shp)，或简称 Shapefile，是美国环境系统研究所公司(ESRI)开发的一种空间数据开放格式。目前，该文件格式已经成为地理信息软件界的一个开放标准，许多应用程序都可以读取 Shapefile，因此 Shapefile 也成为一种重要的交换格式，它能够在 ESRI 与其他公司的产品之间进行数据互操作。

Shapefile 文件用于描述几何体对象，即点、折线与多边形。它能够存储几何图形的位置及相关属性。但这种格式没法存储地理数据的拓扑信息。如，Shapefile 文件可以存储林业小班、河流、湖泊等空间对象的几何位置。除了几何位置，Shapefile 文件也可以存储这些空间对象的属性信息，如林业小班的属性数据、河流的名称等。

Shapefile 是一种比较原始的矢量数据存储方式，它无法在同一个文件中同时存储几何图形和属性数据。因此 Shapefile 还必须附带一个二维表用于存储 Shapefile 中每个几何体的属性信息。

Shapefile 文件指的是一种文件存储的方法，实际上该种文件格式是由多个文件组成的。其中有 3 个文件是必不可少的，它们分别是 .shp、.shx、.dbf 3 个文件。

.shp——图形格式，用于保存元素的几何实体。

.shx——图形索引格式。记录每一个几何体在 shp 文件之中的位置，能够加快向前或向后搜索一个几何体的效率。

.dbf——属性数据格式，以 dBase 的数据格式存储每个几何形状的属性数据。

除了以上三个必需文件外，还有其他一些可选的文件：

.prj——如果 Shapefile 定义了坐标系统，那么它用于保存地理坐标系统与投影信息。

.sbn 和 .sbx——这两个文件是用来存储 Shapefile 的空间索引，它能加速空间数据的读取。这两个文件是在对数据进行操作、浏览或连接后才产生的。

.shp.xml——以 XML 格式保存元数据。

(2) 地理数据库 (Geodatabase)

Geodatabase 作为 ArcGIS 的原生数据格式，是一种面向对象的空间数据模型，体现了很多第三代地理数据模型的优势，它对地理空间的特征更接近我们对现实世界的认识。在 ArcGIS 中 Geodatabase 可以以 3 种不同方式存储，包括 File Geodatabase、Personal Geodatabase 和 ArcSDE Geodatabase。

FileGeodatabase 它把信息储存在一个扩展名为 gdb 的文件夹中，默认情况下单一表的大小不能超过 1TB；Personal Geodatabase 基于 Microsoft Access，仅能在 Windows 操作系统下运行而其有 2GB 数据量上线的限制。企业级的 Geodatabase 可以通过 ArcSDE 操作，它拥有可连接高端数据库管理系统(DBMS)的接口，包括 Oracle、Microsoft SQL Server、DB2 和 Infomix 等，支持跨平台兼容，可以在不同的操作系统下使用。

①地理数据库：为了更好地管理和使用地理要素数据，而按照一定的模型、规则组合起来的存储空间数据和属性数据的容器。地理数据库是按照层次性的数据对象来组织地理

数据的，这些数据对象包括对象类和要素数据集。

②对象类：是指存储非空间数据的表格。在 Geodatabase 中，对象类是一种特殊的类，它没有空间特征，如：某小班的编号。在"小班"和"编号"之间，可以定义某种关系。

③要素类：是具有相同几何类型和属性的要素的集合，即同类空间要素的集合。如河流、道路、植被、用地、电缆等。要素类之间可以独立存在，也可具有某种关系。当不同的要素类之间存在关系时，我们将其组织到一个要素数据集中。

④要素数据集：是共享空间参考系统的要素类的集合，即一组具有相同空间参考的要素类的集合。

对象类、要素类和要素数据集是 Geodatabase 中的基本组成项。当在地理数据库中创建了这些项目后，可以向数据库中加载数据，并进一步定义数据库，如建立索引，建立拓扑关系，创建子类、几何网络类、注释类、关系类等。Geodatabase 的数据组织如图 2-7 所示。

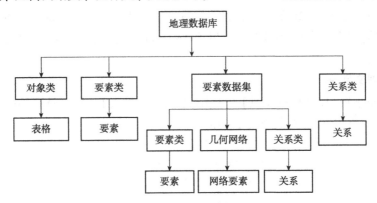

图 2-7 地理数据库的数据组织

2.2.4 任务实施

子任务一 创建 Shapefile

本例以辽宁生态工程职业学院实验林场范围的某地形图为例，该地形图采用北京 1954 坐标系，比例尺为 1:1 万，位于 3 度分带第 42 带。分别建立小班面（多边形）、林班界（线）、高程点（点）3 个 Shapefile，其中小班面包括作业区、林班号、小班号、小班面积、地类、优势树种、林龄等几个字段。要创建的各要素类的要素类型（表 2-1）和地类图斑的属性结构见表 2-2。

表 2-1 各 Shapefile 文件的名称及类型

序号	名称	要素类型（几何类型）
1	高程点	点
2	林班界	线
3	小班面	多边形（面）

表 2-2　小班面 Shapefile 文件中字段属性结构

序号	字段名称	字段类型	长度
1	作业区	文本型	16
2	林班号	文本型	3
3	小班号	文本型	3
4	小班面积	浮点型	长度 5，小数位数 2
5	地类	文本型	20
6	优势树种	文本型	30
7	林龄	短整形	默认

（1）启动 ArcCatalog

在开始菜单中点【ArcGIS】，再单击【ArcCatalog】，启动 ArcCatalog。或者在 ArcMap 窗口的【标准工具】栏上单击【目录】按钮，启动 ArcCatalog，此时 ArcCatalog 停靠在 ArcMap 窗口的右侧。本书以第一种方法为例。

（2）连接到文件夹

在 ArcCatalog 窗口的【标准工具】上单击【连接到文件夹】按钮，选择"…\项目二\任务 2"，如图 2-8 所示，然后点【确定】按钮。

图 2-8　ArcCatalog 中【连接到文件夹】对话框

（3）新建 Shapefile 文件

在上一步连接到的文件夹（即存放 Shapefile 文件）上右击鼠标，在弹出快捷菜单上选择【新建】，再点击【Shapefile】，如图 2-9 所示，之后打开【创建新 Shapefile】对话框，如图 2-10 所示。

 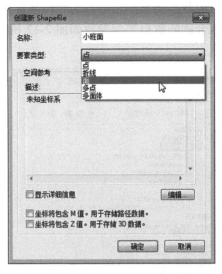

图 2-9　新建 Shapefile 文件快捷菜单　　图 2-10　创建新【Shapefile】对话框

(4) 设置 Shapefile 的名称和类型

在【创建新 Shapefile】对话框中设置 Shapefile 的名称和类型。

名称：输入"小班面"。

要素类型：选择"面"。

(5) 设置坐标系

单击【空间参考】下面的【编辑】按钮，打开【空间参考属性】对话框(图 2-11)，来定义 Shapefile 文件的坐标系，依次选择【投影坐标】→【Gauss Kruger】→【Beijing 1954】→【Beijing_ 1954 3 Degree_ GK Zone 42】，点击【确定】。最后再次点击【确定】按钮，完成 Shapefile 文件的创建。

(6) 创建新的 dBase 表

在 ArcCatalog 目录树中，右键单击需要创建 dBase 表的文件夹，单击【新建】，再单击 dBase 表，为其输入一个名称，并按 Enter 键。

(7) 添加和删除属性字段

在 ArcCatalog 中，可通过添加、删除属性项来修改 Shapefile 和 dBase 的结构。可以添加新的具有合适名称和数据类型的属性项，属性项的名称长度不得超过 10 个字符，多余的字符将被自动截去。Shapefile 文件的 FID 和 Shape 列以及 dBase 表的 OID 列不能删除。OID 列是 ArcGIS 在访问 dBase 表内容时生成的一个虚拟属性项，它保证了表中每个纪录至少有一个唯一的值。Shapefile 文件和 dBase 表除 FID、Shape 和 OID 列以外，至少还要有一个属性项，该属性项是可以删除的。在添加属性项之后，必须启动 ArcMap 的编辑功能才能定义这些属性项的数值。

①在 ArcCatalog 目录树中，右键单击需要添加属性字段的 Shapefile 或 dBase 表，如右击上一步建立的"小班面"Shapefile，再单击"属性"，打开【Shapefile 属性】对话框，然后单击【字段】标签，在"字段名"列中输入属性项字段名，在"数据类型"列中选择新属

性字段的数据类型。在下方的字段属性选项卡显示了所选数据类型的特性参数,可在其中输入合适的数据类型参数如图 2-12 所示。将表 2-2 中小班面的属性表字段名及数据类型输入。

图 2-11　空间参考属性对话框

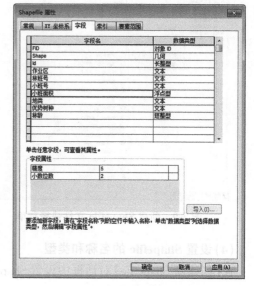

图 2-12　Shapefile 属性对话框

②单击【确定】按钮,完成属性字段的添加。如果需要删除属性字段,在上述 Shapefile 属性对话框中,选中需要删除的属性项,在键盘上按 Delete 键,删除所选属性项,单击【确定】按钮,完成属性项删除。

用上述相同的方法建立高程点、林班界两个 Shapefile。

子任务二　创建地理数据库(Geodatabase)

建立地理数据库首先要对地理数据库进行设计,就是设计地理数据库将要包含的要素类、要素数据集、非空间对象表、几何网络类、关系类及空间参考系统等;地理数据库设计完成之后,可以利用 ArcCatalog 建立空的地理数据库,然后建立其组成项,包括建立关系表、要素类、要素数据集等;最后向地理数据库各项加载数据。

当在关系表和要素类中加入数据后,可以在适当的字段上建立索引,以便提高查询效率。建立了地理数据库的关系表、要素类和要素数据集后,可以进一步建立更高级的项,例如,空间要素的几何网络、空间要素或非空间要素类之间的关系类等。

(1) 创建新的地理数据库

使用 ArcCatalog 可以建立两种地理数据库:个人地理数据库(Personal Geodatabase)和文件地理数据库(File Geodatabase)。本书以建立个人地理数据库为例。在 ArcCatalog 窗口的目录树中选择准备存放个人地理数据库的文件夹,单击【文件】菜单,或者在选中的文件夹上右击鼠标,选择【新建】命令,再选择"个人地理数据库",输入个人地理数据库的名称为"实验林场.mdb",即建立了一个空的数据库,如图 2-13 所示。

(2) 建立要素集

个人地理数据库中可以添加多个要素集,每个要素集都可以有自己的坐标系。要素数据集(Feature Dataset)是由一组相同空间参考(Spatial Reference)的要素类组成,而要素类(Feature Class)在 ArcGIS 中是指具有相同几何特征的要素集合,如道路、河流、居民地等,要素类之间可以独立存在,也可以具有某种关系。

①ArcCatalog 目录树中,在上一步建立的个人地理数据库"实验林场.mdb"上右键鼠标,单击【新建】命令,选择【要素数据集】命令,打开新建要素数据集对话框;

②在名称文本框中输入要素数据集名称"海阳作业区",单击【下一步】按钮,为要素数据集选择坐标系,如图 2-14 所示。单击【投影坐标系】→

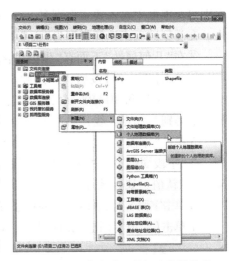

图 2-13 新建个人地理数据库快捷菜单

【Gauss Kruger】→【Beijing 1954】→【Beijing 1954 3 Degree GK Zone 42】,点【下一步】按钮,选择高程坐标系统,单击【垂直坐标系】→【Asia】→【Yellow Sea 1956】,单击【下一步】按钮。

③选择地理坐标系统及高程坐标系统的容差:进行 XY 容差、Z 容差、M 容差设置,这里为默认值,在接受默认分辨率和属性域范围复选框中打对钩,然后单击【完成】按钮,完成新建要素集的设置。

(3) 建立要素类

要素类分为简单要素类和独立要素类。简单要素类存放在要素数据集中,使用要素数据集的坐标,不需要重新定义空间参考。独立要素类存放在数据库中的要素数据集之外,必须定义空间参考坐标。本书以新建简单要素类为例。

①在 ArcCatalog 目录树中,在上一步建立的"海阳作业区"要素数据集上右键鼠标,单击【新建】,选择【要素类】命令,如图 2-15 所示。

图 2-14 新建要素集中定义坐标系

图 2-15 新建要素类快捷菜单

②在弹出的新建要素类对话框(图2-16)。在名称文本框中输入要素类名称"小班面"，在别名文本框中输入要素类别名，如"xiaoban"，别名是对真名的进一步描述，也可以不输入。在类型选项组选择类型为"面要素"。

③在"几何属性"下面有"坐标包含M值"和"坐标包含Z值"，根据需要进行勾选。

④单击【下一步】按钮，弹出确定要素类字段名及其数据类型对话框；在简单要素类中，OBJECTID和SHAPE字段是必需字段。OBJECTID是要素的索引，SHAPE是要素的几何图形类别，如点、线、多边形等。

⑤单击"字段名"列下面的第一个空白行，添加新字段，输入新字段名，并选取数据类型。在"字段属性"栏中编辑字段的属性，包括新字段的别名、新字段中是否允许出现空值Null、默认值、属性域及精度；

⑥单击字段名列下的字段SHAPE，在"字段属性"栏中编辑几何图形字段SHAPE的属性特征；

⑦单击【完成】按钮，完成操作，建立一个简单要素类，如图2-17所示。

图2-16 【新建要素类】对话框

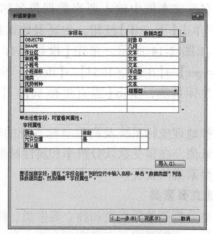
图2-17 新建的小班面要素类

(4) 导入已有的要素类

如果已经有建好的矢量数据，都可以作为要素集中的要素类导入，但导入的要素类需要与要素集有相同的坐标系。如果要导入的话，在"要素集"上右击鼠标，根据具体情况在弹出的快捷菜单中选择【导入】【要素类(单个)】或【导入】【要素类(多个)】。

2.2.5 成果提交

①提交按要求创建的点、线、面三种类型的Shapefile文件。
②提交按要求创建的个人地理数据库、要素数据集、要素类文件。

2.2.6 巩固练习

①ArcGIS支持的数据格式有哪些？
②一个完整的Shapfile文件包括哪些类型的文件？
③文件地理数据库与个人地理数据库之间有哪些区别？

任务 2.3 林业空间数据的采集与编辑

2.3.1 任务描述

空间数据包括图形数据(几何数据)和属性数据,其数据源主要来自现有的地图、外业观测成果、航空相片、遥感图像、统计资料、实测数据以及各种文字报告和立法文件等,空间数据是 GIS 的操作对象,GIS 的整个工作过程就是围绕着对空间数据的采集、处理、分析和显示进行的。如何有效地将这些数据转成计算机可以处理与接收的数字形式,是地理信息系统面临的首要任务,也是本次任务"林业空间数据的采集与编辑"的主要内容。

2.3.2 任务目标

①了解空间数据的采集方法。
②掌握编辑器和 ArcScan 工具的主要功能及使用方法。
③能够对栅格数据进行矢量化并进行编辑。

2.3.3 相关知识

空间数据的采集是指将非数字化形式的各种数据通过某种方法数字化,并经过编辑处理,变为系统可以存储管理和分析的形式,空间数据的采集主要包括属性数据和图形数据的采集。

(1)数据源

地理信息系统的数据源是指建立地理信息系统数据库所需要的各种类型数据的来源。地理信息系统的数据源有多种多样,并随系统功能的不同而有所不同,主要包括以下各种类型。

①地图:各种类型的地图是 GIS 最主要的数据源,因为地图是地理数据的传统描述形式,是具有共同参考坐标系统的点、线、面的二维平面形式的表示,内容丰富,图上实体间的空间关系直观,而且实体的类别或属性可以用各种不同的符号加以识别和表示。我国大多数的 GIS 系统其图形数据大部分都来自地图。但由于地图的以下特点,对其应用时须加以注意。

◆地图存储介质的缺陷:由于地图多为纸质,由于存放条件的不同,都存在不同程度的变形,具体应用时,须对其进行纠正。

◆地图现势性较差:由于传统地图更新需要的周期较长,造成现存地图的现势性不能完全满足实际的需要。

◆地图投影的转换:由于地图投影存在差别,使得对不同地图投影的地图数据进行交流前,须先进行地图投影的转换。

②遥感影像数据:遥感影像是 GIS 中一个极其重要的信息源,随着 RS 技术的不断发展,遥感数据在 GIS 中的地位越来越重要,为 GIS 源源不断地提供大量实时、动态、高分辨率的地面监测数据,为 GIS 应用做出了突出的贡献。通过遥感影像图可以快速、准确地获得大面积的、综合的各种专题信息,航天遥感影像还可以取得周期性的资料,这些都为

GIS 提供了丰富的信息。但是因为每种遥感影像都有其自身的成像规律、变形规律，所以对其应用时要注意影像的纠正、影像的分辨率、影像的解译特征等方面的问题。

③统计数据：国民经济的各种统计数据常常也是 GIS 的数据源，主要包括人口数量、人口构成、国民生产总值等，这些数据通常采自国家统计部门，比较容易收集。

④实测数据：各种实测数据，特别是一些 GPS 点位数据、地籍测量数据常常是 GIS 的一个很准确和现实的资料，随着 GPS 技术的不断发展，其在 GIS 中的功能应用也越来越明显。

⑤数字数据：目前，随着各种专题图件的制作和各种 GIS 系统的建立，直接获取数字图形数据和属性数据的可能性越来越大。数字数据也成为 GIS 信息源不可缺少的一部分。但对数字数据的利用注意数据格式的转换和数据精度、可信度等方面的问题。

⑥各种文字报告和立法文件：各种文字报告和立法文件在一些管理类的 GIS 系统中，有很大的应用，如在城市规划管理信息系统中，各种城市管理法规及规划报告在规划管理工作中起着很大的作用。

对于一个多用途的或综合型的系统，一般都要建立一个大而灵活的数据库，以支持其非常广泛的应用范围。而对于专题型和区域型统一的系统，则数据类型与系统功能之间具有非常密切的关系。

（2）图形数据的采集

在 GIS 的图形数据采集中，如果图形数据已存在于其他的 GIS 或专题数据库中，那么只要经过数据转换导入即可。对于由测量仪器获取的图形数据，只要把测量到的数据传输到数据库即可。对于栅格数据的获取，GIS 主要涉及使用扫描仪等设备对图件的扫描数字化。ArcGIS 中对于空间数据采集的支持功能较强，可以通过多种不同的方式进行空间数据的采集。

①手扶跟踪数字化：是用数据化仪来记录和跟踪图形中的点、线位置的手工数字化设备，主要由电磁感应板、游标和相应的电子电路组成。游标中装有一个线圈，拖动游标，随着游标在电磁感应板上位置的变化，输入交流信号的线圈由于电磁感应产生电场，并引起电磁感应板内正交栅格导线相应位置上的电场变化。把游标的十字丝中心精确对准待输入点，按压相应的按钮即可记录该点的电信号，此信号通过设备的自动转换可得到图形输入板上的物理坐标(X, Y)值，最后根据定向参数进一步转化成实际的地图坐标。数字化作业时，把待数字化的图件固定在电池感应板上，连接数字化仪与计算机，配置好通讯参数之后即可进行数字化（图 2-18）。由于该方法的速度慢、精度低，作业劳动强度大，自动化程度低，其精度易受原始地图的质量、控制点的数量和精度、操作者的技术及认真程度等因素影响，目前已很少使用。

②地图扫描矢量化：是目前较为先进的地图数字化方式，也是今后数字化的发展方向。目前所能提供的扫描数字化软件是半自动化的，还需较多的人机交互工作。地图扫描数字化的基本思想是：首先通过扫描将地图转换为栅格数据并对其进行相应的去噪处理和二值化操作，然后采用栅格数据矢量化的技术追踪出线和面，采用模式识别技术识别出点和注记，并根据地图内容和地图符号的关系，自动给矢量数据赋属性值。在 ArcGIS 中利用编辑器、高级编辑器和 ArcScan 工具进行图形数据的采集与编辑。与手扶跟踪数字化相

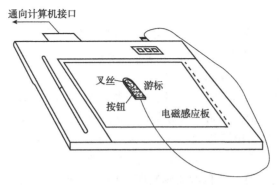

图 2-18　手扶跟踪数字化仪示意图

比,地图扫描矢量化具有速度快、精度高、自动化程度高等优点,正在成为 GIS 中最主要的地图数字化方式。

③其他输入方法:GIS 中输入的空间数据除了来源于已有地图外,还可以通过全站仪进行全数字化野外测量直接采集、通过 GPS 等空间定位测量获取、通过数字摄影测量系统或遥感图像处理系统生成。由于这些方式产生的数据源往往都是电子形式的,因此通过格式转换工具处理后可以直接输入到 GIS 中。

(3) 空间数据的编辑

在空间数据的输入过程中,无论是图形数据还是属性数据,都不可避免地存在着这样或那样的误差或错误。为了得到满足用户要求的数据,在这些数据录入数据库或进行空间分析之前,必须对其进行编辑和处理。本次任务中主要学习图形数据的编辑。

2.3.4　任务实施

子任务一　数据编辑工具

(1) 启动编辑器

ArcMap 提供了强大的数据编辑功能,能够对各种数据进行创建和编辑,在 ArcMap 中进行矢量数据的编辑主要使用【编辑器】工具,打开【编辑器】工具栏有以下 3 种方法。

①在 ArcMap 的标准工具条中点击 ,则打开编辑器工具条,如图 2-19 所示。

图 2-19　编辑器工具栏

②单击菜单栏空白处,在弹出的列表中选择【编辑器】命令。

③在主菜单栏中单击【自定义】→【工具条】→【编辑器】命令。

(2) 编辑器中的主要工具

【编辑器】工具栏中包含多种数据编辑工具,其中主要的工具介绍如下。

①编辑命令菜单 编辑器(R) :菜单中包括开始编辑、停止编辑、保存编辑等命令,也包含移动、合并、缓冲区、联合、裁剪等工具,以及捕捉、编辑窗口、选项等编辑窗口设置

工具。

②编辑工具：用于选择图层中的要素，包含当前未编辑的图层。

③追踪工具：用于创建追踪线要素或面要素的边。

④编辑折点：用于编辑要素的折点。

⑤整形工具：通过在选定要素上构造草图整形线和面，修改选择的要素。

⑥裁剪面工具：根据所绘制的线分割一个或多个选定的面。

⑦分割工具：在单击位置将选定的线要素分割为两个要素。

⑧旋转工具：交互式或按角度测量值旋转所选要素。

⑨属性：打开【属性】，以修改所编辑图层中选定要素的属性值。

⑩创建要素：打开【创建要素】，以添加新要素。单击要素模板以建立具有该模板属性的编辑环境，然后单击窗口上的【构造工具】进行要素矢量化。

（3）矢量数据编辑方法

在 ArcMap 中进行数据编辑的基本操作步骤有以下几个。

①启动 ArcMap，加载要进行编辑的数据。如果是已有的数据，可以通过【标准工具】→【添加数据】工具加载到 ArcMap 中，否则需先在 ArcCatalog 中创建新的要素文件后，再加载到 ArcMap 中。

②打开【编辑器】工具栏，单击【编辑器】→【开始编辑】命令，进入编辑状态。

③编辑数据：在【编辑器】工具栏中，单击【创建要素】按钮，在弹出的【创建要素】对话框中选择需要编辑的图层，在【构造工具】中选择编辑工具，进行数据编辑。

④保存编辑：在【编辑器】工具栏中，单击【编辑器】→【保存编辑内容】命令，保存编辑结果。

⑤停止编辑：在【编辑器】工具栏中，单击【编辑器】→【停止编辑】命令，在弹出对话框中选择"是"，保存数据编辑结果。

（4）常用的编辑操作

在编辑要素过程中，常用的编辑操作有移动要素、复制要素、删除数据等，线和面数据类型还有较复杂的编辑操作，如整形、合并、分割、裁切等。

①移动要素：移动要素的方法有两种，包括随意移动和增量移动。

◆随意移动操作：在【编辑器】工具栏中，单击【编辑工具】按钮，在数据视图中单击需要移动的要素，选中要素，此时在要素中心会出现一个"X"的选择锚符号，如图 2-20 所示。此时按住鼠标左键，移动鼠标至目标位置，完成要素的移动。

◆增量移动操作：【编辑器】工具栏中，单击【编辑工具】按钮，在数据视图中单击需要移动的要素，选中要素，此时在要素中心会出现一个"X"的选择锚符号。在【编辑器】工具栏中，单击【编辑器】→【移动】命令，弹出【增量 X、Y】对话框，如

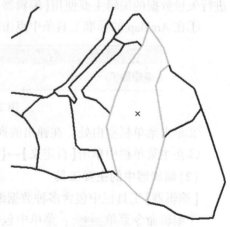

图 2-20　选中要素

图 2-21。在该对话框中，输入需要移动的 X、Y 坐标增量值，增量的单位为当前地图单位，坐标值为选中要素的几何中心点。

②复制要素：要素的复制和粘贴操作可以在同一图层中进行，也可以在同类型的不同图层间进行，但粘贴的目标要素的图层必须处于编辑状态，具体操作步骤如下。

◆在【编辑器】工具栏中，单击【编辑工具】按钮。
◆在数据视图中单击选择需要复制的要素。
◆在【标准工具】工具栏中单击【复制】按钮。
◆在【标准工具】工具栏中单击【粘贴】按钮，弹出粘贴对话框，如图 2-22 所示。
◆在粘贴对话框中【目标】下拉列表中选择要粘贴要素的图层，单击【确定】按钮，完成要素的复制。

图 2-21　【增量 X、Y】对话框

图 2-22　【粘贴】对话框

③删除要素：在【编辑器】工具栏中，单击【编辑工具】按钮。在数据视图中单击选择需要删除的要素，按住 Shift 键，可以选择多个要素。在【标准工具】工具栏中，单击【删除】按钮，或按键盘上的 Delete 键，删除选中的要素。

子任务二　点要素的创建

添加要编辑的点图层，开始编辑后，在【创建要素】窗口中选择该点要素的模板，在窗口【构造工具】下有两种点是要创建构造工具的。

【点】功能：通过在地图上单击或输入坐标的方式创建点要素。

【线末端的点】功能：通过绘制一条线段，用线段最后一个端点来构造点要素。

(1) 通过点击地图创建点要素

①加载需要编辑的点图层。
②打开【编辑器】工具栏。
③在【编辑器】工具栏中，依次单击【编辑器】→【开始编辑】命令，进入编辑状态。
④在【编辑器】工具栏中，单击【创建要素】按钮，在弹出的创建要素对话框中点击点要素模板，在【构造工具】中选择【点】构造工具，此时鼠标顶端跟随一个圆点。
⑤在数据视图中单击要添加点的位置，即可完成点要素的创建。新创建的点默认处于选中状态。

(2) 线末端创建点要素

①加载需要编辑的点图层。打开【编辑器】工具栏。在编辑器工具栏中，单击【编辑器】→【开始编辑】命令，进入编辑状态。
②在【编辑器】工具栏中，单击【创建要素】按钮，在弹出的【创建要素】对话框中点击点要素模板，在【构造工具】中选择【线末端的点】构造工具，此时鼠标指针变成十字形。

③在数据视图中根据需要单击地图创建草图线，线段绘制完毕后，双击最后一个折点完成草图，草图线的末端自动生成一个点要素。

(3) 通过输入绝对 X、Y 值创建点要素

①添加需要编辑的点图层，启动编辑器，再单击【创建要素】对话框中点要素模板。

②在数据视图上右击鼠标，在弹出的菜单中选择【绝对 X、Y】，弹出【绝对 X、Y】对话框。在【绝对 X、Y】对话框的文本框中输入点的 X、Y 坐标值，单击倒三角形的单位按钮，选择输入值的单位，如图 2-23 所示。

③按下 Enter 键，完成点要素创建。

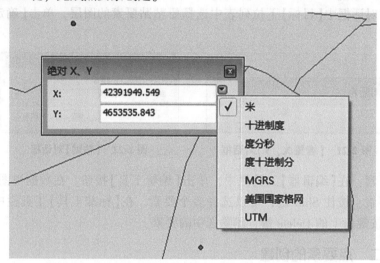

图 2-23 【绝对 X、Y】对话框

子任务三 线要素的创建与编辑

添加要编辑的线图层，开始编辑后，在【创建要素】窗口中选择该线要素的模板，在窗口【构造工具】下有 5 种构造工具。

【线】功能：在地图上绘制折线。

【矩形】功能：指定一个角拉框绘制矩形线。

【圆形】功能：指定圆心和半径绘制圆形线。

【椭圆】功能：指定椭圆的圆形、长半轴和短半轴绘制椭圆形线。

【手绘】功能：在地图上单击鼠标左键，移动鼠标绘制自由曲线。

(1) 创建线要素

①加载需要编辑的线图层，打开【编辑器】工具栏。

②在【编辑器】工具栏中，单击【编辑器】→【开始编辑】命令，进入编辑状态。

③在【编辑器】工具栏中，单击【创建要素】按钮，在弹出的【创建要素】对话框中点击线要素模板，在【构造工具】中选择【线】构造工具，此时鼠标变成十字形。

④在【数据视图】中根据需要连续单击鼠标，即可绘制由一系列结点组合而成的线，如图 2-24 所示。

⑤绘制完成后，双击鼠标或右击鼠标，在弹出的快捷菜单中选择【完成草图】命令，结束绘制。

（2）线要素的编辑修改

线要素的编辑修改既可以用编辑折点工具，也可以使用整形要素工具。

①在【编辑器】工具栏中点击【编辑工具】按钮，单击选中需要修改的线要素。

②在【编辑器】工具栏中点击【编辑折点】按钮，选中线要素变为可编辑的折点状态，此时鼠标指针放在折点上会变成一个菱形图标。将鼠标指针放在折点上，通过移动、删除、增加折点修改线形。也可以单击【编辑器】工具栏中的【整形要素工具】按钮，将鼠标移到需要修改的地方，按需要进行修改，如图2-25所示。

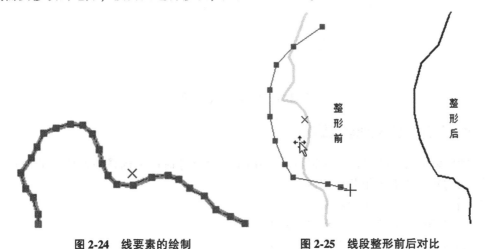

图2-24　线要素的绘制　　　图2-25　线段整形前后对比

（3）线要素的延长编辑

①在【编辑器】工具栏中点击【编辑工具】按钮，双击需要延长的线要素，此时选中的线要素变成可编辑的折点状态，其中线段的端点为红色，同时弹出【编辑折点】工具栏，如图2-26所示。

②在【编辑折点】工具栏中单击【延续要素工具】按钮，此时在线段端点处变成可编辑状态，可以继续对该线要素进行编辑。

（4）分割线要素

①在【编辑器】工具栏中点击【编辑工具】按钮，单击选中需要分割的线要素。

②在【编辑器】工具栏中点击【分割工具】按钮，此时鼠标指针变成十字形。

③将鼠标移动到线段上需要分割处，单击鼠标，完成线段分割。

（5）合并线要素

①在【编辑器】工具栏中点击【编辑工具】按钮，按住〈Shift〉键，单击选中需要合并的两条或两条以上线段。

②在【编辑器】工具栏中点击【编辑器】→【合并】，弹出【合并】对话框。

③在【合并】对话框中，选择将与其他要素合并的要素，单击【确定】，完成多条线段合并。

图 2-26　延续线要素编辑

子任务四　面的创建与编辑

添加要编辑的面图层，开始编辑后，在【创建要素】窗口中选择该面要素的模板，在【构造工具】窗口下有如下几种构造工具。

【面】功能：在地图上绘制面。

【矩形】功能：指定一个顶角来绘制矩形面。

【圆形】功能：指定圆心和半径绘制圆形。

【椭圆】功能：指定椭圆的圆心、长半轴和短半轴绘制椭圆。

【手绘】功能：在地图上单击鼠标左键，移动鼠标绘制自由面。

【自动完成面】功能：通过与其他多边形要素围成闭合区域自动完成面要素的创建。

【自动完成手绘】功能：在地图上单击鼠标左键，移动鼠标绘制自由面，通过与其他多边形要素围成闭合区域自动完成要素的创建。

(1) 创建面要素

面要素与线要素的创建方法基本相同，操作步骤如下。

①加载需要编辑的面图层，打开【编辑器】工具栏。

②在【编辑器】工具栏中，单击【编辑器】→【开始编辑】命令，进入编辑状态。

③在【编辑器】工具栏中，单击【创建要素】按钮，在弹出的【创建要素】对话框中点击面要素模板，在【构造工具】中选择【面】构造工具，此时鼠标指针变成十字形。

④在数据视图中根据需要连续单击鼠标，即可绘制由一系列结点组合而成的面，如图2-27所示。

⑤绘制完成后，双击鼠标，或右击鼠标，在弹出的菜单中选择【完成草图】命令，结束绘制。

如果需要绘制的面与其他多边形共同围成闭合区域，在步骤③【构造工具】中选择【自动完成面】构造工具，获取与已有多边形合并的公共边，如图2-28所示。

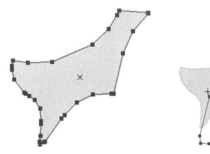

图 2-27 绘制面要素

图 2-28 自动完成面要素的创建

（2）面要素的编辑修改

如果创建的面要素有错误的话，需要进行修改，面要素的编辑修改有两种方法，既可以通过【编辑器】中的【编辑折点】工具来修改，也可以通过【整形要素工具】来进行修改，其操作步骤如下。

①在【编辑器】工具栏中点击【编辑工具】按钮，单击选中需要修改的面要素。

②在【编辑器】工具栏中点击【编辑折点】按钮，选中的面要素变为可编辑的折点状态，此时鼠标放在折点上会变成一个菱形图标。将鼠标放在折点上，通过移动、删除、增加折点修改面的形状。

选择面要素后，也可以通过单击【整形要素工具】按钮，按照需求勾绘出新的界线来进行整形。如图 2-29 和 2-30 所示。

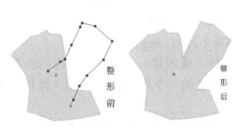

图 2-29 面要素整形前后对比

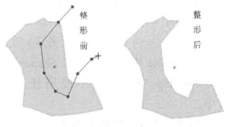

图 2-30 面要素整形前后对比

（3）面要素的分割

①在【编辑器】工具栏中点击【编辑工具】按钮，单击选中需要分割的面要素。

②在【编辑器】工具栏中点击【剪裁面工具】按钮，此时鼠标指针变成十字形。

③根据需要，连续单击鼠标绘制分割线，分割线需截断要分割的面，如图 2-31 所示。

④分割线绘制完成，双击鼠标，完成分割。

（4）面要素的合并

①在【编辑器】工具栏中点击【编辑工具】按钮，按住 Shift 键，单击选中需要合并的两个或两个以上面要素，注意选择的要素只能在同一图层中。

②在【编辑器】工具栏依次点击【编辑器】→【合并】，弹出【合并】对话框。

③在【合并】对话框中，选择将与其他要素合并的要素，单击【确定】，完成合并面。

（5）面要素的联合

①在【编辑器】工具栏中点击【编辑工具】按钮，按住 Shift 键，单击选中需要联合的两

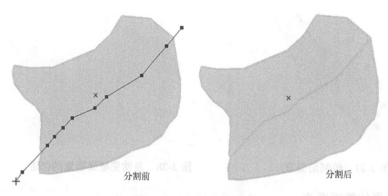

图 2-31 面要素的分割

个或两个以上面要素,选择的要素可在不同图层,但图层文件类型需相同。

②在【编辑器】工具栏中点击【编辑器】→【联合】,弹出【联合】对话框。

③在【联合】对话框中,选择合并到的模板,单击【确定】,此时生成一个新的要素。

子任务五 小班矢量化

在林业工作中,外业勾绘的区划图、伐区调查设计图、二类调查小班图等外业数据,通常需要经过矢量化后才能够用于其他操作,如计算小班面积、制图、生成缓冲面等。

外业调查数据通常扫描成栅格图存储到计算机中,然后经过地理配准后,使用面要素的基本编辑方法,按照外业勾绘的小班界线进行矢量化,具体操作方法如下。

①在 ArcMap 的【标准工具】工具条中点击【添加数据】按钮,选择已经过地理配准的外业调查栅格数据:…\项目二\任务3\实验林场小班图.img。

②在 ArcCatalog 中,创建一个 Shapefile 面文件,或创建一个地理数据库中的要素类,并加载到 ArcMap 中。本例中使用任务 2.2 创建的"小班面"要素类,直接加载到 ArcMap 中。

③在【标准工具】工具栏上单击【编辑器工具条】按钮,打开【编辑器】工具栏。在【编辑器】工具栏中,依次单击【编辑器】→【开始编辑】命令,进入编辑状态。

④在【编辑器】工具栏中,单击【创建要素】按钮,在弹出的【创建要素】对话框中点击"小班"模板,此时【构造工具】中出现了多种构建要素工具,选择【面】构造工具,此时鼠标变成十字形。

⑤在【数据视图】中按照"实验林场小班图"上海阳工区 2 林班 5 小班的边界,连续单击鼠标,即可绘制由一系列结点组合而成的小班面,如图 2-32 所示。

⑥绘制小班 6 或小班 7 时,因为这两个小班跟小班 1 有相邻公共边,为了避免两个面之间有重叠或缝隙,应使用【构造工具】中的【自动完成面】工具勾绘小班。单击【自动完成面】命令,在数据窗口中按照小班 7 的边界绘制线段,线段的首尾截取小班 5 与小班 7 之间的公共边,双击鼠标,自动获取公共边生成一个新的面。

⑦若绘制的小班与多个小班相邻,如小班 6 与小班 5、小班 7 都相邻,用【自动完成面】工具绘制的线段截取与两个小班的公共边,双击鼠标,自动获取公共边生成一个新的面,如图 2-33 所示。

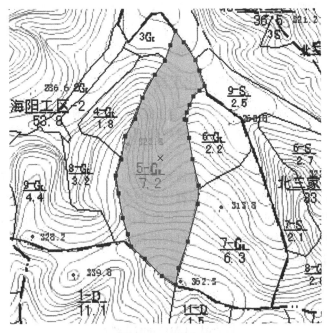

图 2-32 小班勾绘

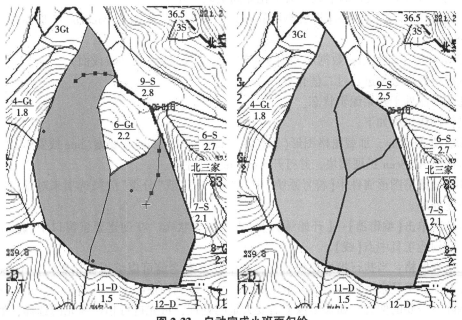

图 2-33 自动完成小班面勾绘

⑧利用【构造工具】中的【面】或【自动完成面】两个工具，绘制林班中的其他小班。绘制过程中，为避免数据丢失，需要常保存数据。在【编辑器】工具栏中依次单击【编辑器】→【保存编辑内容】，保存数据。

⑨绘制完成后，在【编辑器】工具栏中依次单击【编辑器】→【停止编辑】，退出编辑。

此外，在绘制大范围小班图时，也可以先绘制大的范围，例如先绘制林班面，然后再利用分割工具进行分割，可以有效地减少小班勾绘错误。具体操作也并不复杂，先把林班面勾绘出来，再选中后，利用【编辑器】工具栏中的【裁切面工具】按钮，从林班边缘开始切割，直到所有小班都按勾绘的界线切割成独立的面为止，即完成了小班的矢量化。

子任务六　ArcScan 自动矢量化工具

ArcScan 工具用来将栅格图像转换为矢量要素图层。将栅格数据转换为矢量要素的过程称为矢量化。矢量化可通过交互追踪栅格像元来手动执行，也可使用自动模式自动执行。

交互式矢量化过程称为栅格追踪，这需要追踪地图中的栅格像元来创建矢量要素。自动矢量化过程称为自动矢量化，这需要根据指定的设置为整个栅格生成要素。

ArcScan 扩展模块还提供了一些工具，可用来执行简单的栅格编辑以准备用于矢量化的栅格图层。这种做法称为栅格预处理，可帮助排除超出矢量化项目范围的不需要的栅格元素。【ArcScan】工具栏，如图 2-34 所示。

图 2-34　【ArcScan】工具栏

使用 ArcScan 工具将栅格数据矢量化需满足以下几个条件。

①通过【自定义】菜单→【扩展模块】→选择 ArcScan，来激活 ArcScan 扩展模块，并打开 ArcScan 工具栏。

②ArcMap 中加载栅格数据层和用于编辑的矢量要素数据层(线或面)。

③栅格数据必须进行过二值化处理。

④编辑器处于开始编辑状态。

具体操作过程如下。

①启动 ArcMap，加载栅格图形(等高线.img)和 Shapefile 线要素(line 线要素)。

②激活 ArcScan 扩展模块，并打开 ArcScan 工具栏。

③通过栅格图形属性中【符号系统】中的"唯一值"或"分类"渲染选项来对栅格图形进行二值化处理。

④依次单击【编辑器】→【开始编辑】，进入编辑状态。在创建要素窗口中选择 line 线要素，在构造工具中点【线】。

⑤清理栅格：当执行批处理矢量化，在生成要素之前可以编辑栅格影像，ArcScan 提供了栅格清理工具来清理不需要矢量化的内容。可以利用擦除工具和魔法擦除工具来从影像上删除不需要的像元。如果影像上需要大量的处理，可先进行相连像元的选择，如图 2-35，输入栅格区域总面积。再使用"清除所选像元"工具来清除不需要的栅格，如图 2-36。

⑥矢量化设置：可以设置最大线宽度、噪点等。如图 2-37 所示。

⑦进行交互或自动矢量化。

上面的设置完成后，就可以通过【点间矢量化追踪】、【矢量化追踪】进行交互式矢量化，或者通过【在区域内部生成要素】、【生成要素】等进行自动矢量化，最后保存编辑，完成矢量化操作。

任务 2.3　林业空间数据的采集与编辑

图 2-35　选择相连像元

图 2-36　清除所选像元

子任务七　GPS 采集点生成小班

在林业外业数据采集过程中，经常使用 GPS 来采集小班边界上一系列坐标点，那么这些采集到的坐标点，可以通过 ArcGIS 提供的工具将 GPS 坐标点转换为小班面。具体操作方法就是将采集到的坐标点按要求创建 .dbf 或 .xls 点文件，用点文件创建 .shp 格式的点集，然后进行点转线、线转面。

(1) 创建 dbf 或 Excel 点文件

利用 GPS 采集的点坐标信息创建一个 .dbf 或 .xls 的点文件，文件格式要求第一列为点号，第二列为 X 坐标，第三列为 Y 坐标，具体格式如图 2-38 所示。

(2) 生成点集 Shapefile 文件或要素类

①在 ArcMap 工具栏中的【标准工具】工具条上，单击【目录】按钮，启动 ArcCatalog，找到用于创建点要素的 .dbf 或 .xls 的 GPS 坐标点文件"GPS_ point.dbf"。

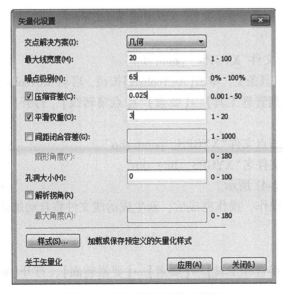

图 2-37　【矢量化设置】对话框　　　　图 2-38　.dbf 坐标点格式

· 53 ·

项目二　林业空间数据的采集与组织

②在"GPS_point.dbf"文件上右击鼠标，在弹出的窗口中依次单击【创建要素类】→【从XY表(X)】，打开从XY表创建要素类对话框。

◆在【从XY表创建要素类】对话框中【X字段】中选择点集的X坐标列，在【Y字段】中选择点集的Y坐标列。

◆单击【输入坐标的坐标系】按钮，进入【空间参考属性】对话框，依次单击【投影坐标系】→【Gauss Kruger】→【Beijing 1954】→【Beijing_1954_3_Degree_GK_Zone_42】(北京1954投影坐标系，3分带，42带)，单击【确定】按钮，如图2-39所示。

◆在【输出】文本框中，设置新生成的点文件的存放路径，如图2-40所示。

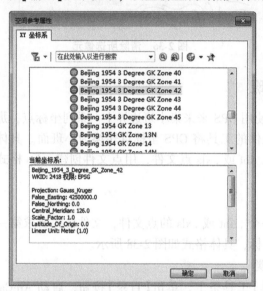

图2-39　空间参考属性

图2-40　【从XY表创建要素类】对话框

③单击【确定】按钮，在设定路径下生成点坐标文件"XYGPS_point.shp"。

(3) 点转线

①在ArcMap中加载上一步生成的点文件"XYGPS_point.shp"。

②在ArcMap工具栏中的【标准工具】工具条上，单击【ArcToolbox】按钮，启动ArcToolbox。

③在【ArcToolbox】窗口依次单击【数据管理工具】→【要素】→【点集转线】，打开【点集转线】对话框。

◆【输入要素】：下拉选择用于转线的点文件"XYGPS_point.shp"。

◆【输出要素类】：设置输出路径及文件名"XYGPS_line.shp"。

◆勾选【闭合线】前的复选框，如图2-41所示。

④单击【确定】按钮，开始点集转线操作，操作完成后，新生成的线文件将自动加载到ArcMap中，如图2-42所示。

(4) 线转面

①在【ArcToolbox】窗口依次单击【数据管理工具】→【要素】→【要素转面】，打开【要素转面】对话框。

· 54 ·

任务 2.3　林业空间数据的采集与编辑

图 2-41　【点集转线】对话框

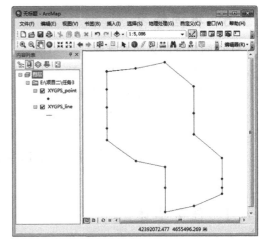

图 2-42　转换完成的线要素

②在【要素转面】对话框中，【输入要素】文本框中下拉选择用于转面的线文件"XYGPS_line.shp"，在【输出要素类】文本框中设置输出路径及文件名"XYGPS_polygon.shp"，如图 2-43 所示。

③单击【确定】按钮，开始进行要素转面操作，操作完成后，新生成的面文件将自动加载到 ArcMap 中，如图 2-44 所示。

图 2-43　【要素转面】对话框

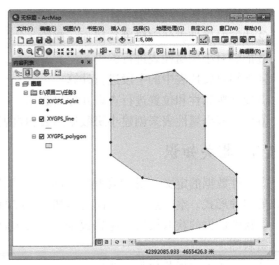

图 2-44　转换完成的面要素

2.3.5　成果提交

①提交小班矢量化结果图。
②提交等高线矢量化图。
③提交高程点矢量化图。

2.3.6 巩固练习

①空间数据的来源有哪些？
②图形数据的采集有哪些方法？
③ArcGIS 中空间数据的编辑有哪些工具？
④GPS 测量的结果如何导入到 ArcGIS 中成图？

任务 2.4 属性数据的采集与编辑

2.4.1 任务描述

属性数据即空间实体的特征数据，是对目标的空间特征以外的其他特性的详细描述，也称为专题数据或统计数据。一般包括空间实体的名称、等级、数量、代码等内容，属性数据有时直接记录在栅格或矢量数据文件中，有时则单独存储为属性文件，通过标识码与几何数据相联系。属性数据的输入主要通过键盘直接输入，有时也可以借助于字符识别软件或编制程序进行输入。

2.4.2 任务目标

①了解属性数据的采集方法。
②能够对属性表的字段进行添加、删除。
③能够对小班属性表进行编辑。
④能够对属性表中的字段进行计算。
⑤能够按属性和位置进行查询并导出数据。
⑥能够根据属性表来创建小班数据图表和报表。

2.4.3 相关知识

①属性数据的定义：属性数据即空间实体的特征数据，一般包括名称、等级、数量、代码等多种形式。空间点、线、面实体都有相应的属性。

②属性数据的获取渠道：遥感数据、各种统计数据、现场调查资料、社会调查资料、其他资料等。

③属性数据的规范化和标准化

统一地理基础：包括统一的地图投影系统、统一的地理坐标系统以及统一的地理编码系统。

统一分类编码原则：分类编码应遵循科学性、系统性、实用性、统一性、完整性、可扩充性等原则，既要考虑信息本身属性，又要顾及信息之间的相互关系，保证分类代码稳定性、可扩展性和唯一性。

④属性数据编码内容

登记部分：用来标识属性数据的序号，可以是简单的连续编号，也可划分不同层次进行顺序编码。

分类部分：用来标识属性的地理特征，可采用多位代码反映多种特征。

控制部分：用来通过一定的查错算法，检查在编码、录入和传输中的错误，在属性数据量较大情况下具有重要意义。

⑤常用的编码方法：层次分类编码法和多源分类编码法

层次分类编码法：是按照分类对象的从属和层次关系为排列顺序的一种代码，它的优点是能明确表示出分类对象的类别，代码结构有严格的隶属关系。如土地利用现状分类编码。

多源分类编码法：又称独立分类编码法，是指对于一个特定的分类目标，根据诸多不同的分类依据分别进行编码，各位数字代码之间并没有隶属关系。它的优点是具有较大的信息载负量，有利于对空间信息的综合分析。

⑥属性表：是数据库的一个组成部分，包含了一系列的行和列。其中行称作记录，每一行称作一条记录，代表一个地理要素，如一个小班、一条公路、一条河流或一所学校等；而列称作字段，每一列称作一个字段，用来描述地理要素的一种属性，如长度、面积、名称等。每一个要素图层都有与之关联的属性表，但是属性表可以单独存在而不与任何要素图层关联。

⑦属性数据的输入方法：数据量较小，可以在输入几何数据的同时，用键盘输入；数据量大，与几何数据分别输入，根据预先建立的属性表输入属性；从其他统计数据库导入属性，通过关键字段连接图形。

2.4.4 任务实施

子任务一 属性表中添加字段

在创建 Shapefile 图层或地理数据库中的要素类时，其对应的属性表也同时生成，其中 Shapefile 文件自动生成的属性表包含 FID、Shape、Id 三个字段，而要素类中的属性表包括了 OBJECTID、SHAPE、SHAPE_Length 等字段。但是要丰富属性表内容，需要添加字段，建立图层文件的属性数据库。在 ArcCatalog 中创建 Shapefile 图层或要素类时就可以添加相应的字段。如果当时没有添加足够的字段，那么在 ArcMap 中也提供了添加、删除字段的功能。大家需要注意的是，当图层处于编辑状态时，是不能对属性表中的字段进行添加、删除操作的。

如果想为要素储存一个新的属性，就需要在其属性表中添加一个新的字段，添加字段的操作如下。

①在 ArcMap 中添加数据…\项目二\任务4\小班.shp，在【内容列表】中，右击需要添加字段的"小班"图层，在弹出的菜单中选【打开属性表】命令，打开【表】窗口，如图 2-45 所示。

②在【表】窗口的左上角依次单击【表选项】→【添加字段】命令，如图 2-46 所示，打开【添加字段】对话框。

③在添加字段对话框的【名称】文本框中输入字段名称，在【类型】下拉列表中选择字段类型。在【字段属性】列表框中设置该字段的属性，如图 2-47 所示。

④单击【确定】按钮，完成在属性表中添加新字段。

图 2-45 打开属性表

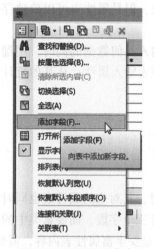

图 2-46 添加字段命令

图 2-47 【添加字段】对话框

子任务二 属性表中删除字段

当不需要某个字段时，可以将其删除。但要注意的是删除字段后，字段中的数据也随之被清除，并且删除字段后是不能够恢复的。当删除字段较少的时候，可以在【表】窗口中直接删除字段；如果要删除的字段较多时，可以通过 ArcToolbox 工具箱删除。

(1) 在【表】窗口中直接删除字段

① 在 ArcMap【标准工具】工具条中单击【添加数据】按钮，加载需要删除字段的图层文件"小班"要素类。

② 在【内容列表】中，右击需要删除字段的图层，在弹出的菜单中选【打开属性表】命令，打开【表】窗口。

③ 单击要删除字段的标题(即字段名处)，此时该字段处于蓝色高亮选中状态，然后右击该字段的标题，在弹出的菜单中单击【删除字段】命令，如图 2-48 所示。在弹出的【确认删除字段】对话框中单击【是】按钮，完成删除字段操作，且不能撤销操作。

(2) 通过 ArcToolbox 工具箱删除字段

①在 ArcMap【标准工具】工具条中单击【添加数据】按钮，加载需要删除字段的图层文件"小班"要素类。

②在 ArcMap【标准工具】工具条中单击【ArcToolbox】按钮，打开 ArcToolbox 窗口。

③在 ArcToolbox 窗口单击【数据管理工具】→【字段】，双击【删除字段】命令，打开【删除字段】对话框，如图 2-49 所示。

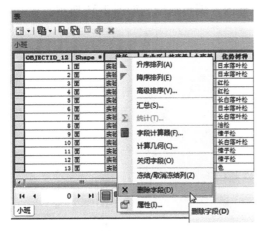

图 2-48 删除字段命令

图 2-49 ArcToolbox 中删除字段对话框

◆【输入表】：在下拉列表中选择需要删除字段的表，或打开文件夹查找表。

◆【删除字段】：在列表中勾选要删除的字段。

④单击【确定】按钮，即可删除勾选的字段，且不能撤销操作。

子任务三 小班属性数据编辑

在 ArcMap 中可以对属性表中的数据进行编辑，既可以对属性表中的每条记录的属性数据进行录入，也可以修改、删除记录。但需要注意的是，在 ArcMap 中编辑属性表中的数据，必须在编辑状态下进行。

记录属性值的编辑是简单的文本编辑操作，需要在编辑状态下才能进行。记录属性值的录入、修改编辑可以在【表】中完成，也可以在【编辑器】的【属性】中完成。

(1) 在属性表中编辑

①在【编辑器】工具栏中，依次单击【编辑器】→【开始编辑】，选择需要编辑属性的图层，开启编辑。

②在【内容列表】中，右击需要编辑属性的图层，在弹出的菜单中选【打开属性表】命令，打开【表】窗口。

③单击需要编辑的记录，选中该记录，此时在地图视图中与该记录对应的要素以高亮状态显示。

④在【表】中单击要录入数据的单元格，在单元格中输入数据，按 Enter 保存，如图 2-50 所示。

(2) 在【编辑器】中编辑

①在【编辑器】工具栏中，依次单击【编辑器】→【开始编辑】，选择需要编辑属性的图层，本例选择"小班"图层，开始编辑。

②使用编辑器中的【编辑工具】在地图视图中单击选中需要编辑的要素，即在图上选择其中一个小班。

③在【编辑器】工具栏中，单击【属性】按钮，打开【属性】对话框。

④在【属性】对话框中，在对应字段的文本框内，编辑数据，如图 2-51 所示。

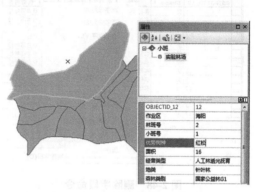

图 2-50　录入属性值　　　　　图 2-51　通过编辑器录入属性值

子任务四　删除记录

删除记录是简单的表格编辑操作，该操作需要在编辑状态才能进行。

①在【内容列表】中，右击需要编辑属性的"小班"图层，在弹出的菜单中选【打开属性表】命令，打开【表】窗口。

②使用编辑器中的【编辑工具】按钮，或工具栏上的【选择要素】按钮，在属性表中单击记录的最左侧列，选择要删除的记录，按住 Ctrl 或 Shift 键可以选中多条记录。也可以在地图上直接选择要删除的要素。

③单击【表】的删除按钮或右击选中的记录最左边的列，在弹出的菜单中选择【删除所选项】命令，如图 2-52 所示。删除所选的记录，同时地图视图中与表中这些记录相对的图形要素也会同时被删除。

图 2-52　删除记录

子任务五　属性表的计算

在 ArcMap 中，数据表中的信息可以通过键盘录入，也可以用字段计算为选中的部分或者全部记录设置某一字段的数值。在使用字段计算器时，编辑图层最好处于编辑状态，若不是在编辑状态下，则所做的计算不能撤销。

(1) 简单的字段计算

利用字段计算器可以直接对属性表中的字段进行赋值，操作如下。

①在【内容列表】中，右击需要编辑属性的"小班"图层，在弹出的菜单中选【打开属性表】命令，打开【表】窗口。

②选择需要更新的记录，若不选择任何记录，则默认为对所有记录进行计算。

③右击需要进行计算的字段标题，在弹出的菜单中选择【字段计算器】命令，弹出【字段计算器】对话框。

④在【字段计算器】对话框中输入运算表达式，如图2-53所示。在【字段计算器】中【字段】列表框中显示的是属性表中所有字段，双击字段名称可将该字段添加到表达式文本框中。【类型】列表下有三种函数，分别为数字、字符串、日期，通过单选按钮进行切换。【功能】列表框中显示的是各种函数，单击函数名称可以将该函数添加到表达式文本框中。

⑤输入完运算表达式后，单击【确定】按钮，开始进行运算并为该字段赋值。

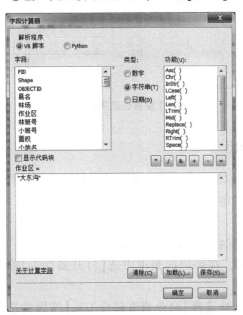 

图 2-53　字段计算器

子任务六　计算几何

在ArcMap中可以利用计算几何的方法来计算面要素的面积、周长或者赋值X、Y的坐标值。值得注意的是，要使用计算几何命令来计算面积或周长，必须要定义坐标系。

①在【内容列表】中，右击需要编辑属性的"小班"图层，在弹出的菜单中选【打开属性表】命令，打开【表】窗口。

②选择需要更新的记录，若不选择任何记录，则默认为对所有记录进行计算。

③分别右击需要进行计算的字段"作业区"和"Area"标题，在弹出的菜单中选择【计算几何】命令，弹出【计算几何】对话框。

④在【计算几何】对话框的【属性】下拉列表中选择"面积"，在【坐标系】选项框中选择用于计算的坐标系，在【单位】下拉列表中选择单位"公顷"，如图2-54所示。

⑤单击【确定】按钮，进行计算几何，并将计算结果为该字段赋值。

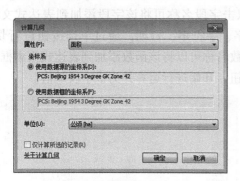

图 2-54 【计算几何】对话框

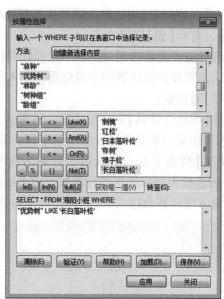

图 2-55 【按属性选择】对话框

子任务七　小班属性数据的选择与导出

在 ArcMap 中有很多种选择要素的方法，可以按属性选择、按位置选择、拉框选择等。在选择之后，选中的要素会在地图视图中高亮显示。

(1) 按属性选择

①加载数据到 ArcMap 中（…\ 项目二\ 任务 4\ 海阳小班 .shp）。

②在【内容列表】中，右击"海阳小班"图层，在弹出的菜单中选【打开属性表】命令，打开【表】窗口。

③在【表】窗口中依次单击【表选项】→【按属性选择】命令或直接点击 【按属性选择】按钮，打开【按属性选择】对话框，如图 2-55 所示。本例选择"优势树"为"长白落叶松"的小班。

【方法】在下拉列表框中选择合适的方法，这里选择【创建新选择内容】。

【字段】在列表中双击"优势树"字段名，这样选中添加到表达式文本框中，单击要使用的逻辑运算符"Like（K）"按钮，就可将运算符添加到表达式文本框中。单击【获取唯一值】按钮，所选择字段的值将出现在列表框中，双击"长白落叶松"，这样就完成了表达式的输入，然后单击【验证】按钮，验证输入的表达式是否正确，如果没有通过验证，则需要对表达式进行调整或重新输入。

④如果通过验证，单击【应用】按钮，就选择了满足条件的记录。

(2) 按位置选择

按位置选择是依据要素相对于源图层中要素的位置从一个或多个目标图层中选择的要素。按位置选择的操作如下。

①在 ArcMap 中打开"任务 4_3.mxd"地图文档，加载了"地块""供水管线"两个图层。

②单击 ArcMap 菜单栏中的【选择】→【按位置选择】命令,打开【按位置选择】对话框,如图 2-56 所示。

◆【选择方法】在下拉列表框中选择"从以下图层中选择要素"。
◆【目标图层】选择目标图层,本例选择图层"地块"。
◆【源图层】在下拉列表框中选择"供水管线"图层。
◆【目标图层要素的空间选择方法】在下拉列表框中选择"与源图层要素相交"。

③设置完成后,单击【应用】按钮,按设置要求进行选择,如图 2-57 所示。
④设置完成后,单击【确定】按钮,退出【按位置选择】窗口。

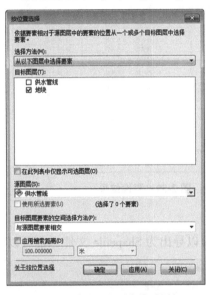

图 2-56 【按位置选择】对话框

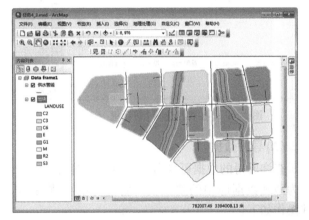

图 2-57 与供水管线相交的地块进入选择集

上述操作的意思是凡与供水管线相交的地块都进入了选择集,打开"地块"要素的属性表,也可以看到凡与供水管线相交的那些地块所对应的属性记录都被选择。

子任务八 小班属性数据的查询与导出

(1) 查询数据

小班属性数据查询是通过在属性表中按属性选择出需要的记录。下面以查询"小班"图层中"面积"字段大于等于 $3.5hm^2$ 的记录为例,操作方法如下。

①在 ArcMap 中加载"海阳小班.shp"图层。
②在【内容列表】中,右击"海阳小班"图层,在弹出的菜单中选【打开属性表】命令,打开【表】窗口。
③在【表】窗口单击【表选项】→【按属性选择】命令,或直接点击【按属性选择】按钮,打开【按属性选择】对话框。

◆【方法】:在下拉列表框中【创建新选择内容】。
◆在字段列表中双击字段名【面积】,单击逻辑运算符按钮">=",将运算符添加到表达式文本框中,在运算符后直接输入 3.5,如图 2-58 所示。

◆单击【验证】按钮，验证表达式的正确性。

④单击【应用】按钮，进行查询，查询结果如图 2-59 所示。

图 2-58 【按属性选择】对话框

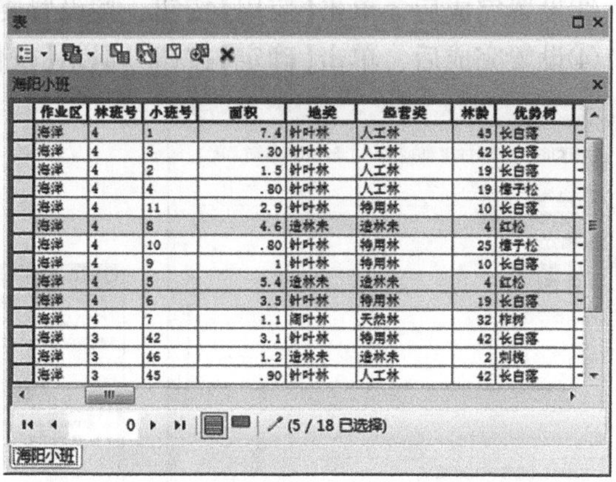

图 2-59 查询结果

（2）导出数据

查询所得的数据可导出一个独立的图层文件，既可以导出为 Shapefile 文件，也可以导出为地理数据库中的要素类，将选择的要素导出，其操作如下：

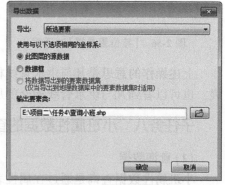

①在【图层列表】中右击"海阳小班"图层，在弹出的菜单中单击【数据】→【导出数据】命令。

②在弹出的【导出数据】对话框的【导出】下拉列表中选择【所选要素】，在【输出要素类】中设置数据导出的路径，单击【确定】按钮，如图 2-60 所示。

③导出完成后，弹出【是否将导出的数据添加到地图图层中】的提示框，根据需要选择"是"或"否"，完成数据的导出。

图 2-60 【导出数据】对话框

子任务九　创建数据图表

统计图表能直观地展现出地图要素的内在信息，ArcMap 提供了强大的图表制作工具，能够满足在制作地图时需要用统计图表说明制图区域的统计特征的需求。在创建图表前，首先要确定图表的内容，数据表中所有的字段都可以用来制作图表，不同的图表展现不同的数据关系，因此要选择合适的图表类型。

创建图表的操作步骤如下：

①加载用于制作图表的矢量文件"…\任务 4\辽宁地级行政区.shp"。

②在【内容列表】中,右击需要编辑属性的"辽宁地级行政区"图层,在弹出的菜单中选【打开属性表】命令,打开【表】窗口。

③在【表】窗口中单击【表选项】→【创建图表】命令,弹出【创建图表向导】对话框。

◆【图表类型】:在下拉列表框中选择要创建的图表类型,选择【条块】→【垂直条块】图表类型。

◆【图层/表】:在下拉列表框中选择要创建图表的数据源,选择"辽宁省地级行政区"图层。

◆【值字段】:在下拉列表框中选择要表现的字段,选择【Area】字段。表示每个地级市的面积(单位为"平方千米")。

◆【X 字段】:在下拉列表框中选择图表 X 轴的显示字段,并可以在旁边的【值】下拉列表框中选择排列顺序,本例 X 字段选无,不进行排序。

◆【X 标注字段】:在下拉列表框中选择图表 X 轴的标注字段,选择【NAME】字段。

◆在垂直轴、水平轴、颜色、条块样式、多条块类型、条块大小等设置中可设置图表的样式,对话框的右侧部分是图表的预览图,所有设置可以直接反应在上面,如图 2-61 所示。

④单击【下一步】按钮,进入下一页创建页面。

◆单击选中【在图表中显示所有要素/记录】或者【仅在图表中显示所选的要素/记录】。

◆在【常规图表属性】下的【标题】和【页脚】文本框中输入图表的标题和脚注。

◆【以 3D 视图形式显示图表】复选框可以用来设置是否三维显示。

◆在【图例】下的【标题】和【位置】文本框中输入图表图例的标题和图例的放置位置。

◆在【轴属性】的各选项卡中设置各坐标轴的标题、对数和是否显示等属性,如图 2-62 所示。

⑤单击【完成】按钮,完成图表的创建。创建好的图表,如图 2-63 所示。

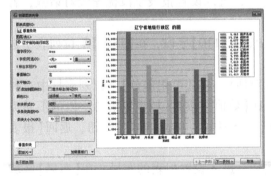

图 2-61 创建图表向导(1)

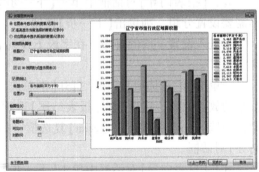

图 2-62 创建图表向导(2)

子任务十 创建数据报表

报表是用来组织和显示与地理要素相关联的表格数据,能够有效地显示地图要素的属性信息,ArcGIS 中的两种原生报表文件格式为 RDF 和 RLF。RDF 创建数据的静态报表,实际上是某时刻数据的快照。RLF 包含报表中的所有字段及其分组、排序和格式化方式以及添加到报表布局中的所有其他报表元素。重新运行或重新加载 RLF 文件时,将根据源数据重新生成报表。对数据所做的任何更新或编辑，都会体现在重新运行的报表中。ArcMap 提供了报表向导，能够简单、方便地创建报表。

创建数据报表的操作步骤如下。

①加载用于制作图表的矢量文件"辽宁省地级行政区.shp"。

②在 ArcMap 主菜单中单击【视图】→【报表】→【创建报表】，打开【报表向导】。

③在【报表向导】的【图层/表】下拉列表框中选择用于制作报表的图层文件或表文件，这里选择"辽宁省地级行政区"图层；双击【可以用字段】选择框中需要显示的字段名称，添加到右侧的【报表字段】中，在【报表字段】中单击选择字段，按右侧的上下按钮可以调整字段的显示顺序，如图 2-64 所示。

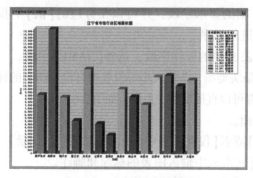

图 2-63 独立显示的图表

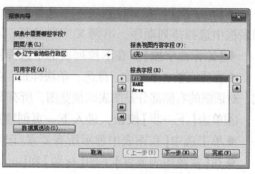

图 2-64 【报表向导】对话框

④单击【数据集选项】按钮，进入【数据集选项】对话框，可设置用于制作报表的数据集，有四个选项可供选择，这里单击【全部】单选按钮，单击【确定】按钮，返回【报表向导】对话框。

⑤在【报表向导】对话框中单击【下一步】按钮，进入设置报表字段优先级对话框，若不需要设置分组，则单击【下一步】按钮。

⑥进入设置字段的排序，在字段下拉列表中选择【FID】字段，在【排序】下拉列表中选择"升序"。

⑦单击【汇总选项】按钮，打开【汇总选项】对话框，在【可用部分】下拉列表框中选择汇总的放置位置，这里选择【报表结尾】选项。在【数值字段】区域设置汇总字段的汇总类型，勾选【Max】、【Min】、【Sum】复选框，如图 2-65 所示；单击【确定】按钮，返回【报表向导】对话框。

⑧在【报表向导】对话框中单击【下一步】按钮。进入设置报表的布局。在【布局】区域选择布局的样式，在左侧显示所选样式类型图，在【方向】区域设置报表的方向，单击【下一步】按钮。

⑨设置报表样式。在右侧下拉列表框中有多种报表样式可供选择，单击样式名称在左侧显示所选的样式预览。这里选择【Havelock】，单击【下一步】按钮。

⑩设置报表标题。本例中输入标题"辽宁省地级行政区面积报表"。单击完成按钮，在报表查看器中打开生成的报表，如图 2-66 所示。

· 66 ·

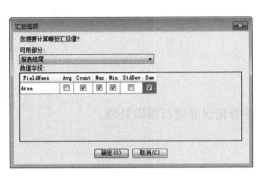

图 2-65　汇总选项

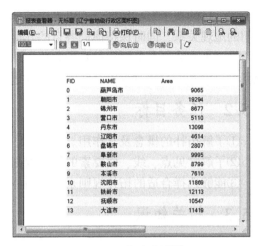

图 2-66　报表查看器

⑪新创建的报表在浏览时发现需要修改格式，可以在【报表查看器】窗口中单击【编辑】按钮，进入【报表设计器】对话框调整报表的样式。

⑫新创建的报表可以保存为 RLF 文件，可导出生成 PDF 文件，也可以添加到布局窗口。在【报表设计器】中单击【保存】按钮，可将报表保存为 RLF 格式，如数据有更新，添加该文件重新运行报表可更新报表内的数据。单击【导出报表至文件】按钮，将报表导出生成 PDF 文件。单击【添加报表至 ArcMap 布局】按钮，将报表作为一个制图元素添加到地图布局中。

2.4.5　成果提交

①提交小班属性数据结果数据。
②提交属性查询导出的结果数据。
③提交按位置查询导出的结果数据。
④提交创建的数据图表。
⑤提交创建的数据报表。

2.4.6　巩固练习

①什么是属性数据？属性数据的来源有哪些？
②属性表的结构如何？
③属性数据的输入方法有哪些？

任务 2.5　林业小班空间数据的拓扑处理

2.5.1　任务描述

拓扑是指空间数据的位置关系，实际上拓扑是规则和关系的集合再加上一系列的工具和技术，目的在于揭示地理空间世界中的地理几何关系。在 GIS 中，拓扑可以用来控制要素间的地理关系，同时保持他们各自的几何完整性。因此拓扑的主要功能就是用于保证数据质量。小班数据在矢量化过程中难免出现诸如重叠、空隙等错误，通过建立相应的拓扑规则可以检查矢量化过程中存在的错误并进行编辑，这就是本次任务的主要内容。

2.5.2 任务目标

①了解拓扑的概念及其作用。
②了解常见点、线、面要素的拓扑规则。
③能够选择合适的拓扑规则来建立拓扑、检查错误并进行编辑处理。

2.5.3 相关知识

2.5.3.1 拓扑的概念

拓扑是指空间数据的位置关系，它描述的是基本的空间目标点、线、面之间的邻接、关联和包含关系。拓扑是结合了一组编辑工具和技术的规则集合，它使地理数据库能够更准确地构建几何关系模型。

ArcGIS 通过一组用来定义要素共享地理空间方式的规则和一组用来处理在集成方式下共享几何的要素的编辑工具来实施拓扑。拓扑以一种或多种关系的形式保存在地理数据库中，这些关系定义一个或多个要素类中的要素共享几何的方式。参与构建拓扑的要素仍是简单要素类，拓扑不会修改要素类的定义，而是用于描述要素的空间关联方式。

ArcGIS 中的 Shapefile 格式数据不支持拓扑规则检查，所以要想进行拓扑检查必须保证数据是 Geodatabase 格式；同时要进行拓扑规则检查的要素类必须在同一要素集下。

2.5.3.2 常见拓扑的规则

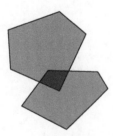

图 2-67 不能重叠(面)

拓扑规则定义了要素间可以存在的空间关系，该规则可以控制在同一要素类中允许的要素关系，不同要素类中要素间的关系，以及要素子类之间的关系。

(1) 面规则

①不能重叠：要求面的内部不重叠。面可以共享边或折点。当某区域不能属于两个或多个面时，使用此规则。此规则适用于行政边界(如"邮政编码"区或选举区)以及相互排斥的地域分类(如土地覆盖或地貌类型)，如图 2-67 所示。

②不能有空隙：此规则要求单一面之中或两个相邻面之间没有空白。所有面必须组成一个连续表面。表面的周长始终存在错误。可以忽略这个错误或将其标记为异常。此规则用于必须完全覆盖某个区域的数据。例如，土壤面不能包含空隙或具有空白，这些面必须覆盖整个区域，如图 2-68 所示。

③必须互相覆盖：要求一个要素类(或子类型)的面必须与另一

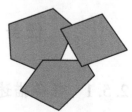

图 2-68 不能有空隙

个要素类(或子类型)的面共享双方的所有区域。面可以共享边或折点。任何一个要素类中存在未与另一个要素类共享的区域都视作错误。当两个分类系统用于相同的地理区域时使用此规则，在一个系统中定义的任意指定点也必须在另一个系统中定义。通常嵌套的等级数据集需要应用此规则，如人口普查区块和区块组或小分水岭和大的流域盆地。此规则还可应用于非等级相关的面要素类(如土壤类型和坡度分类)，如图 2-69 所示。

(2)线规则

①不能重叠。要求线不能与同一要素类(或子类型)中的线重叠。例如，当河流要素类中线段不能重复时，使用此规则。线可以交叉或相交，但不能共享线段，如图 2-70 所示。

②不能相交。要求相同要素类(或子类型)中的线要素不能彼此相交或重叠。线可以共享端点。此规则适用于绝不应彼此交叉的等值线，或只能在端点相交的线(如街段和交叉路口)。如图 2-71 所示。

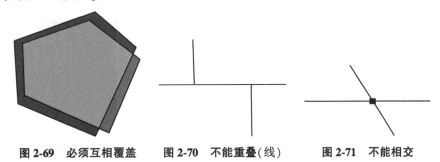

图 2-69　必须互相覆盖　　图 2-70　不能重叠(线)　　图 2-71　不能相交

③不能有悬挂点。要求线要素的两个端点必须都接触到相同要素类(或子类型)中的线。未连接到另一条线的端点称为悬挂点。当线要素必须形成闭合环时(例如由这些线要素定义面要素的边界)，使用此规则。它通常会在线连接到其他线(如街道)时使用。在这种情况下，可以偶尔违反规则，使用异常，例如，死胡同(cul-de-sac)或没有出口的街段的情况，如图 2-72 所示。

图 2-72　不能有悬挂点

④不能有伪结点。要求线在每个端点处至少连接两条其他线。连接到一条其他线(或到其自身)的线被认为是包含了伪结点。在线要素必须形成闭合环时使用此规则，例如由这些线要素定义面的边界，或逻辑上要求线要素必须在每个端点连接两条其他线要素的情况。河流网络中的线段就是如此，但需要将一级河流的源头标记为异常，如图 2-73 所示。

(3)点规则

①必须被其他要素的边界覆盖。要求点位于面要素的边界上。这在点要素帮助支持边界系统(如必须设在某些区域边界上的边界标记)时非常有用，如图 2-74 所示，右侧的方块标出了错误，因为这个点不在面的边界上。

②必须完全位于内部。要求点必须位于面要素内部。这在点要素与面有关时非常有用，如井和井垫或地址点和宗地。如图 2-75 所示，方块标出了点不位于面内部的错误。

③必须被其他要素的端点覆盖。要求一个要素类中的点必须被另一要素类中线的端点覆盖。当违反此规则时，除了标记为错误的是点要素而不是线之外，此规则与线规则"端点必须被其他要素覆盖"极为相似。边界拐角标记可以被约束，以使其被边界线的端点覆

盖，如图 2-76 所示，方块标出了点没有在线端点上的错误。

④点必须被线覆盖：要求一个要素类中的点被另一要素类中的线覆盖。它不能将线的覆盖部分约束为端点。此规则适用于沿一组线出现的点，如公路沿线的公路标志。如图 2-77 所示，方块标明了没有被线覆盖的点。

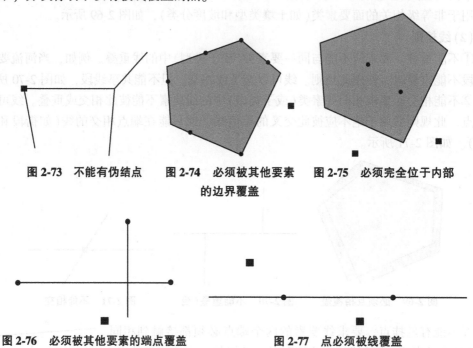

图 2-73　不能有伪结点　　图 2-74　必须被其他要素　　图 2-75　必须完全位于内部
　　　　　　　　　　　　　　　　的边界覆盖

图 2-76　必须被其他要素的端点覆盖　　　　图 2-77　点必须被线覆盖

2.5.4　任务实施

子任务一　创建小班拓扑

ArcGIS 中的 Shapefile 数据不支持拓扑规则检查，因此要进行拓扑检查必须保证数据是 Geodatabase 格式；同时要进行拓扑规则检查的要素类必须在同一要素集下。下面以创建小班拓扑为例，操作步骤如下。

①在 ArcCatalog 中，在"linchang.mdb"个人地理数据库中的"linban"要素数据集上右击鼠标，在弹出的菜单中单击【新建】→【拓扑】命令，如图 2-78 所示，打开【新建拓扑】对话框。

②在【新建拓扑】对话框中单击【下一步】按钮，输入拓扑名称和拓扑容差，本例选择默认，即拓扑名称为"xb_ Topology"，容差为"0.001"，单击【下一步】按钮。

③在需要参与到拓扑中的"xiaoban"要素前的方框中打钩，单击【下一步】按钮。

④为要素类指定等级，选择默认值，单击【下一步】按钮。

⑤在设定拓扑规则窗口，单击【添加规则】按钮，打开【添加规则】对话框，如图 2-79 所示。

◆在【要素类的要素】文本框中选择"xiaoban"。

任务 2.5　林业小班空间数据的拓扑处理

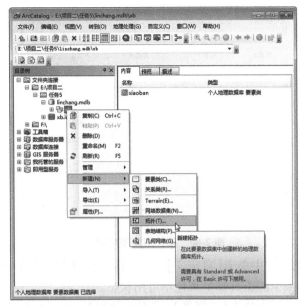

图 2-78　新建拓扑命令

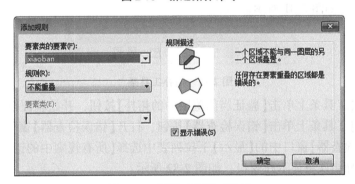

图 2-79　【添加规则】对话框

◆在【规则】文本框中的下拉列表中选择拓扑规则"不能重叠"。

⑥单击【确定】按钮。

⑦重复上述操作可设置多个拓扑规则，在此添加两个检查单一面要素常用的两个拓扑规则【不能重叠】和【不能有空隙】，如图 2-80 所示。

⑧单击【下一步】按钮，显示新建的拓扑参数，若参数有误，可单击【上一步】按钮修改参数。如果没有问题，单击【完成】按钮，完成拓扑的创建，同时弹出"已经创建新拓扑，是否要立即验证？"，此时可以点"是"立即验证，也可以点"否"，以后再进行验证。

子任务二　拓扑验证

①在 ArcMap 中加载新创建的拓扑"xb_ topology"文件，在弹出的对话框中提示"是否还要将参与到 xb_ Topology 中的所有要素类添加到地图？"，单击【是】按钮，同时添加参与拓扑的图层"xiaoban"。

· 71 ·

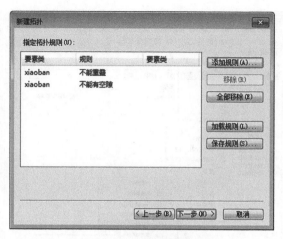

图 2-80　拓扑规则添加完成

②在 ArcMap 的菜单栏中单击【自定义】→【工具条】→【拓扑】命令,打开【拓扑】工具条,此时【拓扑】工具条中的工具都呈灰色不可用状态。

③在【编辑器】工具条中单击【编辑器】→【开始编辑】。此时【拓扑】工具条中的工具被激活,变为可用,如图 2-81 所示。

图 2-81　拓扑工具条

④在【拓扑】工具条上单击【验证当前范围中的拓扑】按钮,开始验证拓扑。

⑤在【拓扑】工具条上单击【错误检查器】按钮,打开【错误检查器】窗口。

⑥在【错误检查器】窗口中的【显示】下拉列表中选择【所有规则中的错误】,单击【立即搜索】按钮,拓扑错误将显示在窗口,如图 2-82 所示。

图 2-82　错误检查器

子任务三　修复拓扑错误

在验证拓扑、发现拓扑错误之后,需要将所有的错误都修复,最终获得正确的数据。

任务 2.5 林业小班空间数据的拓扑处理

不同的拓扑错误类型有各自不同的修复方法。在 ArcMap 中针对各种拓扑错误类型提供了预定义修复方案，在修复时选择其中一种修复方案进行修复。预定义修复方法有以下两种。

①使用【拓扑】工具条上的【修复拓扑错误工具】按钮，在地图中选择错误后右击，在弹出的菜单中，针对该错误类型从预定义的大量修复方法中选择其中一种进行修复。

②在【拓扑】工具条中单击【错误检查器】按钮，打开【错误检查器】窗口，右击【错误检查器】中的一条错误条目，在弹出的菜单中，单击【平移至】或【缩放至】命令，平移或缩放到地图中的错误位置，选择针对此错误类型的预定义修复方法。

在编辑过程中，每次保存编辑内容都会自动清空【错误检查器】窗口中的错误条目，单击【错误检查器】对话框中的【立即搜索】按钮，可以使错误条目重新显示出来，此做法可确保【错误检查器】对话框中显示的始终是最新的错误和异常信息。

（1）不能重叠错误修复

①在【拓扑】工具条中单击【错误检查器】按钮，打开【错误检查器】窗口，右击【错误检查器】中一条不能重叠的错误条目，在弹出的菜单中，单击【平移至】或【缩放至】命令，平移或缩放到地图中的错误位置，此时被选中的重叠错误四周呈黑色高亮状态，如图 2-83 所示。

②在【错误编辑器】窗口中，右击选中的错误条目，在弹出的菜单中选择【合并】命令，如图 2-84 所示。

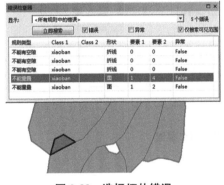

图 2-83　选择拓扑错误

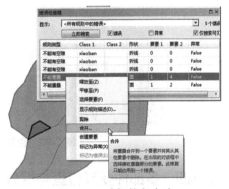

图 2-84　选择修复方法

③在弹出的【合并】对话框中，选择要合并到的面要素，此时在地图上选中的要素呈绿色高亮闪烁状态，如图 2-85 所示。

④单击【确定】按钮，完成修复不能有重叠错误。

⑤重复以上步骤，修复其他不能有重叠错误条目。

（2）不能有空隙错误修复

①在【拓扑】工具条中单击【错误检查器】按钮，打开【错误检查器】窗口，右击【错误检查器】中一条不能有空隙的错误条目，在弹出的菜单中，单击【平移至】或【缩放至】命令，平移或缩放到地图中的错误位置，此时被选中的错误四周呈黑色高亮状态。

②在【错误编辑器】窗口中，右击选中的错误条目，在弹出的菜单中选择【创建要素】命令，如图 2-86 所示。此时在地图上有空隙的地方会自动生成一个面，在【错误检查器】

窗口的列表中，此错误条目消失。

图 2-85　合并重叠错误

图 2-86　选择空隙修复方法

③在【编辑器】工具条中单击【编辑工具】按钮，在地图中选中新生成的面和相邻的面（使用框选或者按 Shift 键后分别单击两个要选择的面）。

④在【编辑器】工具栏中，单击【编辑器】→【合并】命令，在【合并】对话框中，单击选择合并到的面要素，此时在地图上选中的要素呈绿色高亮闪烁状态，如图 2-87 所示。

⑤单击【确定】按钮，完成修复不能有空隙错误。

⑥重复以上步骤，修复其他不能有空隙的错误条目。

图 2-87　合并选中的两个要素

子任务四　多部件要素检查与拆分

多部件要素是指将在空间上分离的两个以上的元素合并成为一个要素，在图层属性表上一个多部件要素只有一个记录。如图 2-88 所示，一个记录包含有四个在空间上分离的元素，这个记录的图形就属于多部件要素。如果将这个多部件要素拆分可以得到四个单部件要素，属性表中也变成四条记录。

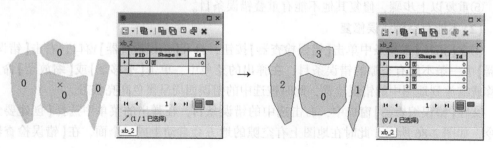

图 2-88 多部件要素拆分为单部件

小班图层空间数据不允许有多部件要素存在，因此在小班矢量化完成后要进行多部件要素检查，如果存在多部件要进行拆分。多部件的拆分可以通过高级编辑工具栏操作来实现，也可以通过工具箱来完成。

(1) 多部件要素检查

①启动 ArcMap，添加要进行多部件检查的数据"xb_2.shp"。

②在【内容列表】上右击"xb_2.shp"，在弹出的菜单中选【打开属性表】命令，添加【Multipart】字段，字段类型为文本，长度为6。

③在属性表上右击【Multipart】字段，在弹出的菜单中选【字段计算器】命令，打开【字段计算器】对话框。

④在【字段计算器】对话框上，选择语言"Python"，在赋值部分输入"!shape.ismultipart!"，如图 2-89 所示。

⑤单击【确定】，"Multipart"字段计算结果为"TRUE"的为多部件，结果为"FALSE"的为单部件。在属性表上右击"Multipart"字段，选择"降序排序"，如图 2-90 所示，有一个多部件要素。

⑥如果记录数较多，可以通过按属性选择的方法选出多部件。

图 2-89 【字段计算器】对话框

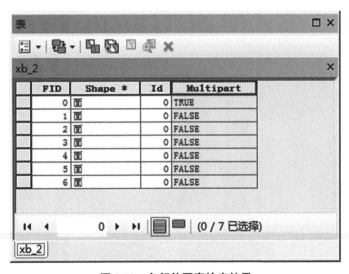

图 2-90 多部件要素检查结果

(2) 多部件拆分

多部件要素的拆分一般使用【高级编辑】工具条进行拆分。

①在【编辑器】工具条单击【编辑器】→【开始编辑】，选择需要多部件拆分的图层。

②在工具栏空白处右击，选中【高级编辑】，调出【高级编辑】工具条。

③选中要拆分的多部件的记录。单击【高级编辑】工具条上【拆分多部件要素】按钮，

多部件要素的各部分将变为独立的要素,每个要素都将被赋予相同的属性值。

另外,多部件要素的拆分也可以使用【ArcToolbox】工具箱来完成。具体操作是:在【ArcToolbox】工具箱中双击【数据管理工具】→【要素】→【多部件至单部件】,打开【多部件至单部件】对话框,确认输入要素、输出要素类,最后单击【确定】按钮,完成多部件至单部件操作。通过操作我们可以看出使用工具箱的命令进行拆分时,不需要选中多部件的记录。

2.5.5 成果提交

①为指定的小班图建立拓扑并进行错误检查与修改。
②为指定的小班图检查与拆分多部件要素。

2.5.6 巩固练习

①拓扑的概念及功能是什么?
②常见的拓扑规则有哪些?

项目三 林业空间数据的转换与处理

○ 项目概述

在 ArcGIS 中，每个数据集都具有一个坐标系，该坐标系用于将数据集与通用坐标框架内的其他地理数据图层集成。通过坐标系可以集成地图内的数据集以及执行各种集成的分析操作，因此利用 ArcGIS 进行空间分析操作前，需要将数据集归化到统一的坐标系中。

GIS 中使用两种常用的坐标系类型：地理坐标系和投影坐标系。地理坐标系使用地球表面模型的经纬度坐标。而投影坐标系采用数学转换方法将纬度和经度坐标转换为二维线性系统的 X、Y 坐标，地图投影就是使用数学公式将地球上的球面地理坐标与平面 X、Y 坐标关联起来。空间参考信息设定正确后，可以对林业空间数据进行数据结构转换和格式转换操作。

利用 ArcGIS 中的 ArcToolbox 工具箱可以轻松实现地理数据的处理，如从原始地理数据中按照范围进行裁剪，按照属性进行提取来获取感兴趣的数据，也可以把多个地理数据进行拼接来展现更广覆盖面的数据。

本项目主要包括投影变换、空间数据格式转换和空间数据处理等几个任务。

○ 知识目标

①了解林业空间数据的坐标系、投影等相关概念。
②掌握定义投影及投影工具的使用方法。
③掌握要素与 CAD 转换工具的使用方法。
④掌握栅格与 ASCII 相互转换工具的使用方法。
⑤掌握裁剪、分割、提取、追加、镶嵌、筛选等工具的使用。

○ 技能目标

①能够为地理数据定义投影。
②能够对地理数据进行投影变换。
③学会空间数据的数据结构转换操作。
④学会空间数据的数据格式转换操作。
⑤学会空间数据的裁剪、拼接、提取等处理操作。

任务 3.1 投影变换

3.1.1 任务描述

①在"乡界未知空间参考"个人地理数据库中,要素类"乡界"未设置投影信息,需将"乡界"按照项目统一的空间参考信息设定为正确的投影坐标系。

②将 ASTGTM_N41E124E_DEM_UTM.img、ASTGTM_N42E124E_DEM_UTM.img 栅格数据以及"project3.mdb"中"project3_图幅索引"矢量数据进行特定的投影变换。

3.1.2 任务目标

①掌握定义投影的方法。
②掌握投影变换的方法。
③能够进行栅格投影变换。
④能够进行矢量投影变换。

3.1.3 相关知识

当建立地理数据库时,若未先指定空间参考信息,此时在 ArcMap 中加载该数据,就会产生"缺少空间参考信息"的警告。这些数据虽然可以在 ArcMap 中被显示出来,但不能被正确投影。

在 ArcGIS 中,每个数据集都具有一个坐标系,该坐标系用于将数据集与通用坐标框架(如地图)内的其他地理数据图层集成。通过坐标系可以集成地图内的数据集以及执行各种集成的分析操作,例如叠加来自截然不同的来源和坐标系的数据图层。

(1)坐标系

坐标系可使多个地理数据集使用公用位置进行集成。坐标系是一种用于表示地理要素、影像和观察值位置(例如公用地理框架内的 GPS 位置)的参照系统。每个坐标系通过测量框架、测量单位、地图投影和其他测量系统属性等方面进行定义。

测量框架,分为地理(球面坐标从地心开始测量)或平面(地球的坐标投影到二维平面上)两种。测量单位(通常对于投影坐标系为英尺或米,对于经纬度为十进制度数)。投影坐标系的地图投影定义。其他测量系统属性,例如参考椭圆体、基准面和投影参数(诸如一条或多条标准纬线、中央子午线和 x 与 y 方向上可能的位移)。

(2)坐标系的类型

GIS 中使用两种常用的坐标系类型:地理坐标系和投影坐标系。

地理坐标系使用三维球面来定义地球上的位置,可通过其经度和纬度值对点进行引用,也称全局坐标系或球坐标系。

基于地图投影的投影坐标系(例如横轴墨卡托投影、亚尔勃斯等积投影),连同众多其他地图投影模型提供了各种将地球的球面地图投影到二维笛卡尔坐标平面的机制。投影坐标系有时称为地图投影。

坐标系(地理坐标系或投影坐标系)为定义真实世界的位置提供了框架。在 ArcGIS 中，坐标系作为将不同数据集中的地理位置自动集成到通用坐标框架中以供显示和分析的方法。

(3) ArcGIS 的动态投影特性

ArcGIS 中使用的所有地理数据集均已假设具有明确定义的坐标系，通过该坐标系可相对于地球表面定位这些数据集。如果数据集具有明确定义的坐标系，则 ArcGIS 可将数据动态投影到相应的框架，从而自动将数据集与其他数据集集成，以进行制图、3D 可视化和分析等操作。

如果数据集没有空间参考，则无法轻松地集成它们。需要定义一个空间参考，才能在 ArcGIS 中有效地使用数据。当系统使用的数据取自不同地图投影时，需要将一种投影的数字化数据转换为所需要投影的坐标数据。

在 ArcGIS 软件中，利用 ArcToolbox 数据管理工具箱中投影和变换工具集(图 3-1)，可以实现对现有数据定义投影、投影变换等处理。

图 3-1　投影和变换工具

3.1.4　任务实施

子任务一　定义投影

打开 ArcMap 加载"乡界未知空间参考.mdb"中的要素类"乡界"，会提示如图 3-2 的警告信息，我们可以利用"定义投影"工具进行处理。

①展开 ArcToolbox 数据管理工具箱→投影和变换工具集，双击定义投影工具，打开定义投影对话框，在输入数据集或要素类文本框中选择原始要素类数据"乡界"。(图 3-3)。

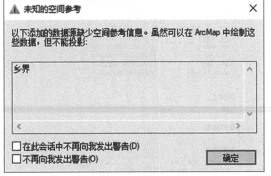

图 3-2　缺少空间参考信息警告

图 3-3　【定义投影】对话框

②点击坐标系输入框右侧 图标，选择空间参考属性。在 XY 坐标系页面依次点选：投影坐标系→Gauss Kruger→CGCS2000→CGCS2000_GK_CM_123E(如图 3-4)，然后点击确定。

③假如乡界要素类与 project3.mdb 中的空间数据拥有相同的投影，可以在步骤(2)选择

空间参考属性时，单击图标 的下三角按钮，选择导入操作，选择已有空间参考信息的数据集(图 3-5)，然后点击添加，此时返回到图 3-4 界面，在当前坐标系信息框中显示出 project3.mdb 中 linchang 要素集的投影坐标系信息 CGCS2000_ GK_ CM_ 123E，最后点击确定。

图 3-4 设置乡界空间参考属性

图 3-5 导入 linchang 数据集的空间参考

④假如 ArcGIS 中默认的坐标系不满足实际要求，我们可以单击图标 的下三角按钮，选择新建操作，自定义所需的地理坐标系或者投影坐标系。新建地理坐标系需要选定基准椭球参数、角度单位以及本初子午线；新建投影坐标系需要选定投影方式、线性单位以及地理坐标系参数。如图 3-6 和图 3-7 所示。

图 3-6 【新建地理坐标系】对话框

图 3-7 【新建投影坐标系】对话框

说明：除了利用定义投影工具外，还可以在 ArcCatalog 中对数据设置空间参考信息。在左侧目录树窗口中，右键单击乡界要素类→属性，在弹出的对话框 XY 坐标系页面中，利用上述对应步骤进行操作，如图 3-8 所示。

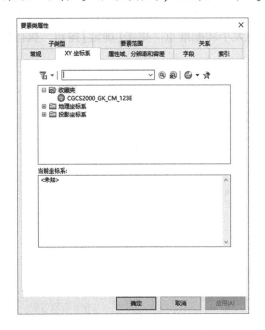

图 3-8　ArcCatalog【要素类属性】对话框

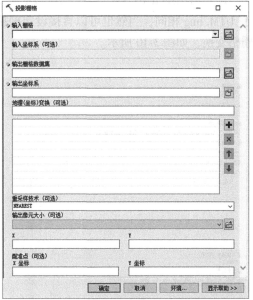

图 3-9　【投影栅格】对话框

子任务二　投影变换

投影变换是将地理数据从一个地图投影转换为另一个地图投影，地图投影是使用数学公式将地球上的球面坐标与平面坐标关联起来。由于地球球体投影成平面展开后，不可避免会导致地球表面上的要素数据在形状、面积、距离或方向上发生变形。不同投影会引起不同类型的变形。

在 ArcToolbox 的数据管理工具箱→投影和变换工具集中，可以分为栅格和要素类两种类型进行投影变换。

(1) 栅格数据的投影变换

①展开 ArcToolbox 数据管理工具箱→投影和变换工具集→栅格工具集，双击投影栅格工具，打开【投影栅格】对话框，如图 3-9 所示。

②在输入栅格位置分别选定进行投影变换的栅格数据 ASTGTM_ N41E124E_ DEM_ UTM. img、ASTGTM_ N42E124E_ DEM_ UTM. img，在输出栅格数据集位置分别键入输出栅格数据的路径和名称 RP_ N41E124、RP_ N42E124，然后点击输出坐标系文本框右侧的图标，选择投影坐标系 Beijing_ 1954_ GK_ Zone_ 21N，在地理(坐标)变换文本框的下拉箭头上点击列表中"Beijing_ 1954_ To_ WGS_ 1984_ 2"。鉴于 ArcGIS 内置的地理坐标系(基准面)之间变换不能严格涵盖该地区，因此选择 Beijing_ 1954_ To_ WGS_ 1984_ 2 变换作为演示操作。

③需要注意的是，对于栅格数据的投影变换，ArcGIS 要对数据进行重采样。重采样技术和输出像元大小为可选项。其中，重采样技术共有 4 种方法，默认重采样方法是 NEAREST，即最临近采样法。输出像元大小，在默认状态下输出的数据分别选择与原数据栅格像元大小相同，即：与图层 ASTGTM_N41E124E_DEM_UTM.img 相同、与图层 ASTGTM_N42E124E_DEM_UTM.img 相同，当然也可以直接设定栅格的大小和配准点。单击【确定】按钮，执行投影栅格变换，如图 3-10 所示。

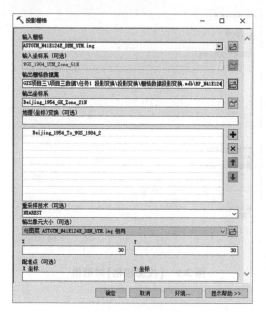

图 3-10 投影栅格参数设定

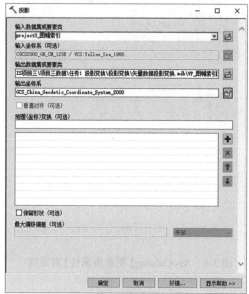

图 3-11 投影变换参数设定

(2) 数据集或要素类投影变换

①展开 ArcToolbox 数据管理工具箱→投影和变换工具集，双击【投影工具】，打开【投影】对话框，如图 3-11 所示。

②在输入数据集或要素类位置分别选定进行投影变换的"project3.mdb"中"project3_图幅索引"矢量数据，在输出数据集或要素类位置分别键入输出矢量数据的路径和名称"VP_图幅索引"，然后点击输出坐标系文本框右侧的图标，选择地理坐标系 GCS_China_Geodetic_Coordinate_System_2000，单击【确定】按钮，执行投影变换。

③重新打开 ArcMap，添加投影变换后的数据"VP_图幅索引"，将图层数据显示单位改为度分秒格式，我们发现每张图幅经差为 3 分 45 秒，纬差为 2 分 30 秒，因此该范围为 1：10000 比例尺的图幅范围。

3.1.5 成果提交

①提交定义投影后的某数据库中的要素类。
②提交矢量、栅格投影变换后的成果数据。

任务 3.2 空间数据格式转换

3.2.1 任务描述

地理信息系统的空间数据结构主要有栅格数据结构和矢量数据结构，它们是表示地理信息的两种不同方式。栅格结构是最简单最直观的空间数据结构，又称为网格结构（raster 或 grid cell）或像元结构（pixel），是指将地球表面划分为大小均匀紧密相邻的网格阵列，每个网格作为一个像元或像素，由行、列号定义，并包含一个代码，表示该像素的属性类型或量值，或仅仅包含指向其属性记录的指针。因此，栅格结构是以规则的阵列来表示空间地物或现象分布的数据组织，组织中的每个数据表示地物或现象的非几何属性特征。矢量结构是通过记录坐标的方式尽可能精确地表示点、线、多边形等地理实体。在地理信息系统中栅格数据与矢量数据各有特点，各具适用性，为了在一个系统中可以兼容这两种数据，以便有利于进一步的分析处理，常常需要实现两种结构的转换。此外，ArcGIS 支持的数据格式众多，在很多时候也需要进行不同数据格式之间的转换。

3.2.2 任务目标

①掌握矢量数据转换为栅格数据的方法。
②掌握栅格数据转换为矢量数据的方法。
③掌握由其他数据格式转换为 CAD 数据的方法。
④掌握由 CAD 数据转换为其他数据格式的方法。
⑤掌握栅格数据与 ASCII 文件的转换方法。
⑥能够综合运用各种相应的转换工具进行数据结构、数据格式的转换。

3.2.3 相关知识

矢量数据（带有矢量几何的地理对象）是一种常用的地理数据类型，其用途广泛，非常适合表示带有离散边界的要素（例如街道、州和宗地）。栅格数据是通过将世界分割成在格网上布局的离散方形或矩形像元来表示地理要素。每个像元都具有一个值，用于表示该位置的某个特征，例如温度、高程或光谱值。栅格可用于表示所有地理信息（要素、影像和表面），并且具有丰富的空间分析地理处理运算符，可进行复杂的空间分析和地理处理。因此矢量数据结构和栅格数据结构各具优势。

地理数据是地理位置的相关信息，以可用于地理信息系统（GIS）的格式进行存储。地理数据可存储在数据库、地理数据库、shapefile、coverage、栅格影像甚至是 dbf 表或 Microsoft Excel 电子表格中。除了地理数据库之外，ArcGIS 允许支持使用各种不同的数据格式：ArcGIS Server 地理编码服务；ArcGIS Server globe 服务；ArcGIS Server 影像服务；ArcGIS Server 地图服务；Coverage；ArcIMS 要素服务；ArcIMS 地图服务；DGN；DWG；DXF；地理数据库（个人地理数据库、文件地理数据库和 ArcSDE 地理数据库）；OGC WCS 服务；OGC WMS 服务；OLE DB 表；PC ARC/INFO coverage；栅格包括：ADRG 影像（.img）、ArcSDE 栅格、数字地形高程数据(DTED)级别0、1和2(.dt*)、Esri Grid、层次数据格式(HDF)、Lizard Tech MrSID 和 MrSID Gen 3(.sid)、美国国家影像传输格式(NITF)(.ntf)、标记图像文件格式(TIFF)(.tif)等）；SDC；SDE 图层；Shapefile(.shp)；文本文件(.txt)；Excel 文件(.xls)；TIN；VPF；ADS；AGF；DFAD；DIME；DLG；ETAK；GIRAS；IGDS；IGES；MIF；MOSS；SDTS(点、栅格和矢量)；SLF TIGER(v2002中)；Sun Raster。

我们在实际应用中会遇到很多种不同格式的空间数据，为了方便数据处理，经常需要把不同格式的空间数据进行转换。其中包括数据结构转换，例如矢量数据和栅格数据的互相转换；还包括数据格式转换，例如上述 ArcGIS 支持格式之间的互相转换。我们需要利用 ArcToolbox 转换工具箱来完成这些转换操作。

3.2.4　任务实施

首先利用要素转栅格工具将"project3_小班面"矢量数据转为栅格数据，其中生成的栅格数据"栅格_林班号"属性为"project3_小班面"的"林班号"字段，像元大小为10。经过该操作，多个相同"林班号"字段属性的"project3_小班面"多边形要素共同转换成了"栅格_林班号"对应"林班号"属性的栅格数据。

其次利用栅格转面工具将"栅格_林班号"栅格数据转为"矢量_林班号"矢量数据面要素，同样选用"林班号"作为转换字段。经过刚才两步数据结构转换操作，我们也间接实现了将原始矢量数据以"林班号"为字段进行融合，当然转换后的数据与源数据存在稍许误差。最后利用 CAD 转换工具以及 ASCII 栅格转换工具将实例数据进行格式转换。

子任务一　数据结构转换

(1)矢量数据转换为栅格数据

利用要素转栅格工具，将要素转换为栅格数据集，具体操作步骤如下。

①展开 ArcToolbox 转换工具箱→转为栅格工具集，双击【要素转栅格】工具，打开【要素转栅格】对话框，如图 3-12 所示。

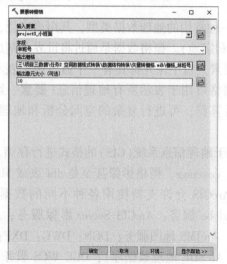
图 3-12　【要素转栅格】对话框

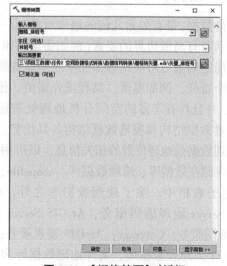
图 3-13　【栅格转面】对话框

任务 3.2 空间数据格式转换

②在输入要素位置选定需要转换的矢量数据"project3_小班面",在字段位置选择数据转换时所依据的字段属性"林班号",在输出栅格位置键入输出栅格数据的路径与名称"栅格_林班号",在输出像元大小位置键入"10",单击确定按钮,执行要素转栅格操作。

说明:由于栅格数据与矢量数据内在数据结构的不同,因此转换后的栅格数据,某个属性值的全部像元对应的面积与源矢量数据对应区域的面积稍有出入。

(2)栅格数据转换为矢量数据

通过使用栅格转面工具,可以将栅格数据集中的信息转换为矢量要素类。

①展开 ArcToolbox 转换工具箱→由栅格转出工具集,双击【栅格转面】工具,打开【栅格转面】对话框,如图 3-13 所示。

②在输入栅格位置选定需要转换的栅格数据"栅格_林班号",在字段位置选择数据转换时所依据的字段属性"林班号",在输出面要素位置键入输出面要素的路径与名称"矢量_林班号",选中简化面选项,单击确定按钮,执行栅格转面操作。

说明:和矢量数据向栅格数据转换类似,转换后的矢量数据某个属性值对应区域的面积与源栅格数据对应像元的总面积会稍有出入。

子任务二 CAD 数据的转换

在各类工程项目中,CAD 数据是一种非常常用的数据类型,为了实现 CAD 数据和 ArcGIS 数据格式(如 Shapefile 数据、地理数据库数据)之间的互为所用,我们需要用到 CAD 数据转换的操作。

(1)要素转 CAD

基于包含在一个或多个输入要素类或要素图层以及支持表中的值,创建一个或多个 DWG、DXF 或 DGN 格式的 CAD 文件。

①展开 ArcToolbox 转换工具箱→转为 CAD 工具集,双击【要素转 CAD】工具,打开【要素转 CAD】对话框,如图 3-14 所示。

②在输入要素位置选定需要转换的矢量数据"乡界",在输出类型选择 CAD 文件格式及版本,例如"DWG_R2010",在输出文件位置键入输出 CAD 文件的路径与名称"乡界 CAD2010.DWG",其他选项保留默认设置,单击确定按钮,执行要素转 CAD 操作。

(2)CAD 转出至地理数据库

利用 CAD 至地理数据库工具,将 CAD 数据转换成要素类、数据表。

①展开 ArcToolbox 转换工具箱→转出至地理数据库工具集,双击【CAD 至地理数据库】工具,打开【CAD 至地理数据库】对话框,如图 3-15 所示。

②在输入 CAD 数据集位置选定需要转换的 CAD 文件"校园周边 CAD.dwg",在输出地理数据库位置键入输出到某个地理数据库"CAD 转地理数据库.mdb",在数据集位置键入转换后的数据集的名称"校园周边 CAD_CADToGeodatabase",其他选项保留默认设置,单击确定按钮,执行 CAD 至地理数据库操作,转换完的结果如图 3-16 所示。

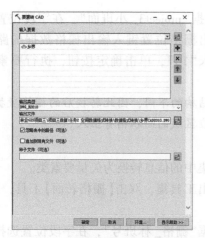
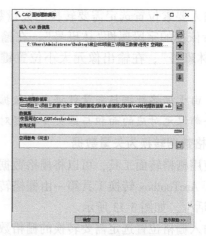

图 3-14 【要素转 CAD】对话框   图 3-15 【CAD 至地理数据库】对话框

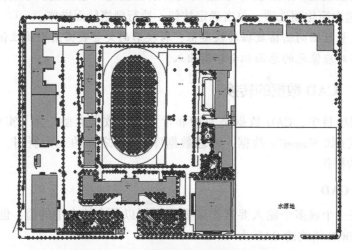

图 3-16 CAD 转换为地理数据库结果图

说明：CAD 格式文件和地理数据库文件互相转换后，需要关注对属性和拓扑的检查。

子任务三 栅格数据与 ASCII 文件之间的转换

栅格数据集可转换为表示栅格数据的 ASCII 文本文件。同样，表示栅格数据的 ASCII 文本文件也可以转化为栅格数据集。ASCII 文件的结构由包含一系列关键字的文件头信息组成，后面是以行优先顺序排列的像元值。其文件格式一般为：

NCOLS xxx
NROWS xxx
XLLCORNER xxx
YLLCORNER xxx
CELLSIZE xxx
NODATA_VALUE xxx
row 1

```
row 2
……
……
……
row n
```

其中：NCOLS 和 NROWS 是由 ASCII 文件所定义的栅格的列数和行数；XLLCORNER 和 YLLCORNER 是左下角栅格像元的左下角坐标；CELLSIZE 是栅格像元的大小；NODATA_ VALUE 是用于表示 NoData 像元的值；在像元值数据流中，数据的第一行在栅格顶部，第二行在第一行下边，依次类推。

(1) 栅格数据向 ASCII 文件的转换

① 展开 ArcToolbox 转换工具箱，由栅格转出工具集，双击【栅格转 ASCII】工具，打开【栅格转 ASCII】对话框，如图 3-17 所示。

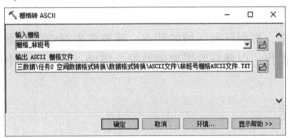

图 3-17 【栅格转 ASCII】对话框

② 在输入栅格位置选定需要转换的栅格数据文件"栅格_林班号"，在输出 ASCII 栅格文件位置键入输出路径与名称"林班号栅格 ASCII 文件"，单击【确定】按钮，执行栅格转 ASCII 操作。

(2) ASCII 文件向栅格数据的转换

① 展开 ArcToolbox 转换工具箱→转为栅格工具集，双击【ASCII 转栅格】工具，打开【ASCII 转栅格】对话框，如图 3-18 所示。

② 在输入 ASCII 栅格文件位置选定需要转换的 ASCII 文件"林班号栅格 ASCII 文件"，在输出栅格位置键入输出栅格数据路径与名称"ASCII 转栅格"，根据该数据特点，选择输出数据类型为 INTEGER 整型，单击【确定】按钮，执行 ASCII 转栅格操作，结果如图 3-19 所示。

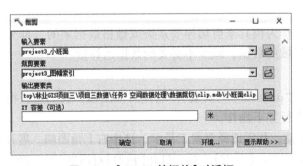

图 3-18 【ASCII 转栅格】对话框

图 3-19 ASCII 文件转换后的栅格数据

3.2.5 成果提交

①矢量数据转栅格数据成果图。
②栅格数据转矢量数据成果图。
③矢量数据转 CAD 文件成果图。
④CAD 文件转矢量数据成果图。
⑤栅格数据转栅格 ASCII 文件成果图。
⑥栅格 ASCII 文件转栅格数据成果图。

任务 3.3　空间数据处理

3.3.1　任务描述

在实际应用研究中，根据研究区域的特点，需要首先对空间数据进行一定的处理，如裁剪、拼接、提取等操作，以便获取需要的数据。借助 ArcToolbox 中的工具可以进行多种空间数据处理操作。

3.3.2　任务目标

①掌握地理数据处理的概念及方法。
②能够对地理数据进行数据裁剪、数据拼接、数据提取等操作。

3.3.3　相关知识

利用 ArcGIS 软件，我们可以利用 ArcToolbox 工具箱轻松实现从原始地理数据中按照范围进行裁剪，按照属性进行提取来获取感兴趣的数据，也可以把多个地理数据进行拼接来展现更广覆盖面的数据。这里仅列出了矢量数据和栅格数据基本的裁剪、拼接和提取的操作过程，一些复杂的数据处理，ArcGIS 同样可以胜任。

3.3.4　任务实施

子任务一　数据裁剪

数据裁剪是通过一个或多个要素作为模具来剪切掉要素类或栅格数据集的一部分，得到感兴趣的子集或真正需要的研究区域的数据，减少不必要的数据运算量。

（1）矢量数据的裁剪

矢量数据"project3_ 小班面"跨越"project3_ 图幅索引"右侧两幅图幅，我们想获得位于右上角图幅中的小班面要素，需要进行如下操作。

①加载"project3_ 图幅索引"要素集，利用选择要素工具 ▶，选中右上角图幅。展开 ArcToolbox 分析工具箱→提取分析工具集，双击【裁剪】工具，打开【裁剪】对话框(图 3-20)。

②在输入要素位置选定需要被裁剪的矢量数据"project3_ 小班面"，在裁剪要素位置选

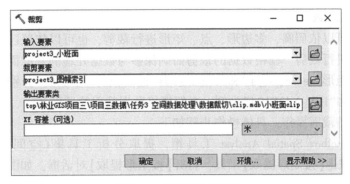

图 3-20 【裁剪】对话框

定"project3_图幅索引",在输出要素类位置键入输出要素类的路径与名称"小班面 clip",其他选项保留默认设置,单击【确定】按钮,执行裁剪操作。

说明:①在使用 ArcToolbox 工具箱时,如果要素集中有一个或多个要素已被选中,那么只有选中的要素参与处理。如果要素集中的要素无一选中,则全部参与处理。②输出要素类将包含输入要素的所有属性的要素。裁剪操作也可作为判定输入要素和裁剪要素是否有重合的点、线或者输入点要素是否在裁剪线要素上等位置关系。

(2)矢量数据的分割

矢量数据"project3_小班面"与"project3_图幅 edit"的重叠关系如图 3-21 所示。如果我们想同时获得"project3_小班面"位于 4 幅图幅中的要素,并把每一个子集输出成独立的要素类,需要用到分割工具。分割工具的使用需要具备一定的条件,例如:分割要素数据集必须是面;分割字段的数据类型必须是字符,其唯一值生成输出要素类的名称等要求。图中 B、D 图幅与小班面有交集,A、C 图幅与小班面没有交集,因此分割后得到小班面分别在 B、D 图幅的部分,并以字符类字段 ID 的属性值 B、D 进行命名分割子集。

①展开 ArcToolbox 分析工具箱→提取分析工具集,双击【分割】工具,打开【分割】对话框,如图 3-22 所示。

②在【输入要素】位置选定需要被分割的矢量数据"project3_小班面",在【分割要素】位置选定"project3_图幅 edit",分割字段选择字符类字段"ID",在【目标工作空间】位置键入输出要素类放置的目标空间"split.mdb",其他选项保留默认设置,单击【确定】按钮,执行分割操作。

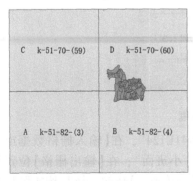

图 3-21 要素类之间的位置关系

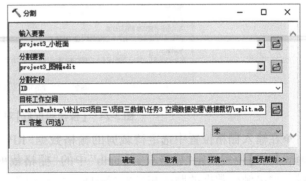

图 3-22 【分割】对话框

(3) 栅格数据的裁剪

栅格数据集可以依照圆、多边形、点、矩形进行裁剪，也可以依照已有的栅格要素或者要素作为掩膜进行裁剪。栅格数据的裁剪需确保参与数据处理的基准面一致，否则会出现问题。下面以矩形"rectangle_1"和矢量要素类"栅格裁剪_小班面"分别裁剪栅格数据集"RP_N41E124"和"RP_N42E124"为例，介绍栅格数据裁剪的过程。

①利用矩形的裁剪操作，具体操作步骤如下。

◆展开 ArcToolbox Spatial Analyst 工具箱，提取分析工具集（空间分析需要 Spatial Analyst 许可），双击【按矩形提取】工具，打开【按矩形提取】对话框，如图3-23所示。

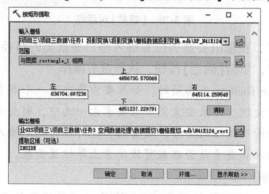

图3-23 【按矩形提取】对话框

◆在【输入栅格】位置中选定待裁剪的栅格数据"RP_N41E124"（任务1投影变换后栅格数据），在范围处选择"与图层 rectangle_1 相同"，在【输出栅格】位置分别键入输出栅格数据的路径和名称"N41E124_rect"，提取区域处保持默认 INSIDE（内部），单击【确定】按钮，执行按矩形提取操作得到"N42E124_rect"。

说明：利用圆、多边形、点对栅格数据集进行裁剪的操作与按矩形提取工具操作类似，不再举例说明。

②利用已有数据作为掩膜裁剪栅格数据集，具体操作如下。

◆展开 ArcToolbox Spatial Analyst 工具箱→提取分析工具集（空间分析需要 Spatial Analyst 许可），双击按掩膜提取工具，打开【按掩膜提取】对话框（图3-24）。

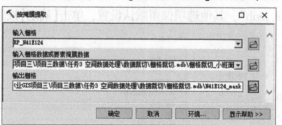

图3-24 【按掩膜提取】对话框

◆在输入栅格位置中选定待裁剪的栅格数据"RP_N41E124"，在【输入栅格数据或要素掩膜数据】位置选定"栅格裁剪.mdb"中的"栅格裁剪_小班面"，在【输出栅格】位置分别键入输出栅格数据的路径和名称"N41E124_mask"，单击【确定】按钮，执行按掩膜提取操作，同理"栅格裁剪_小班面"作为掩膜裁剪"RP_N42E124"得到"N42E124_mask"。

子任务二 数据拼接

在 ArcGIS 中有很多工具可以实现数据的拼接。其中,"追加"工具可将多个数据集中的新要素或其他数据添加至现有数据集。该工具可将点、线、面要素类、表、栅格、栅格目录、注记要素类或尺寸要素类追加到现有的相同类型数据集中。"镶嵌至新栅格"工具可以将多个栅格数据集合并到一个新的栅格数据集中。

(1) 矢量数据的拼接

利用"追加"工具,将先前数据分割后的"B""D"要素类追加至"追加目标数据集"。

①展开 ArcToolbox 数据管理工具箱→常规工具集,双击【追加】工具,打开【追加】对话框(图 3-25)。

②为保证目标数据集的数据不被改变,打开 ArcCatalog,将"拼接.mdb"中的"追加目标数据集"复制一个副本"追加目标数据集_1"。回到追加工具对话框,在输入数据集位置选定输入的数据"B""D",在目标数据集位置键入路径与名称"追加目标数据集_1",方案类型处保持默认 TEST(检验),其他选项保留默认设置,单击【确定】按钮,执行追加操作。

③执行操作后,"追加目标数据集_1"将包含输入的"B""D"中的要素,将"追加目标数据集_1"改名为"追加后数据集"。

(2) 栅格数据的拼接

利用"镶嵌至新栅格"工具,将先前栅格裁剪得到的"N41E124_mask"和"N42E124_mask"拼接为新的栅格数据集。

①展开 ArcToolbox【数据管理工具】→【栅格】工具集→【栅格数据集】工具集,双击【镶嵌至新栅格】工具,打开【镶嵌至新栅格】对话框,如图 3-26 所示。

②在输入栅格位置选定进行拼接的数据"N41E124_mask"和"N42E124_mask",在输出位置选定输出路径,在具有扩展名的栅格数据集名称位置键入拼接后的栅格名称"拼接栅格",像素类型根据栅格数据取值范围选择"16_BIT_UNSIGNED"(16 位无符号数据类型,取值范围为 0 到 65535),波段数键入 1,其他选项保留默认设置,单击【确定】按钮,执行镶嵌至新栅格操作。

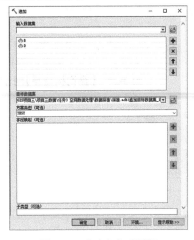

图 3-25 【追加】对话框　　图 3-26 【镶嵌至新栅格】对话框

说明：镶嵌至新栅格"拼接栅格"四周为黑色，是因为这些地方是输入栅格 N41E124_mask 和 N42E124_mask 没有像元的位置，镶嵌至新栅格后变成属性为 0，显示为黑色。

子任务三　数据提取

可以利用选择要素工具 框选要素后将感兴趣的要素进行导出的方式实现数据提取，也可以利用下面两种工具，通过查找属性值进行数据提取。

矢量数据"筛选"工具是从输入要素类或输入要素图层中提取要素（通常使用选择或结构化查询语言 SQL 表达式），并将其存储于输出要素类中。

栅格数据"按属性提取"工具是按照属性值提取像元，可通过一个 where 子句来完成。

(1) 矢量数据提取

下面要在"project3_小班面"中，把符合"小地名叫作北岔沟，树种平均胸径大于20厘米"要求的小班面提取出来。

①展开 ArcToolbox 分析工具箱→提取分析工具集，双击【筛选】工具，打开【筛选】对话框，如图 3-27 所示。

②在输入要素位置选定待筛选的矢量数据"project3_小班面"，在输出要素类位置分别键入输出要素类数据的路径和名称"小班面_select"，单击【表达式】文本框右侧的 图标，进入【查询构建器】对话框，利用字段、属性、表达式等构建 SQL 语句：〔小地名〕LIKE'北岔沟'AND〔平均胸径〕>20，如图 3-28 所示。

SQL 语句验证成功后，单击【确定】，返回【筛选】对话框。然后单击【确定】按钮，执行筛选操作，结果如图 3-29 所示。

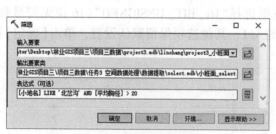

图 3-27　【筛选】对话框

图 3-28　【查询构建器】对话框

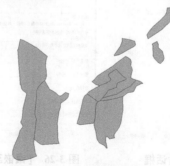

图 3-29　筛选结果

(2)栅格数据提取

接下来提取栅格数据"ASTGTM_ N41E124E_ DEM_ UTM.img"中海拔"Value"值小于500 的像元。

①展开 ArcToolbox Spatial Analyst 工具箱→提取分析工具集(空间分析需要 Spatial Analyst 许可),双击按属性提取工具,打开【按属性提取】对话框,如图 3-30 所示。

②在输入栅格位置选定待提取属性的栅格数据"ASTGTM_ N41E124E_ DEM_UTM.img",单击 where 子句文本框右侧的图标,进入【查询构建器】对话框,利用字段、属性、表达式等构建 SQL 语句:"Value"<500,如图 3-31 所示。

SQL 语句验证成功后,单击【确定】,返回【筛选】对话框。在输出栅格位置分别键入输出栅格数据的路径和名称"N41E124 海拔小于 500",然后单击【确定】按钮,执行按属性提取操作。

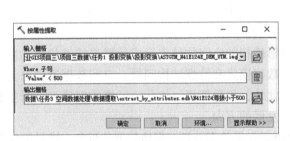

图 3-30 按属性提取参数设定

图 3-31 【查询构建器】对话框

③原始栅格 ASTGTM_ N41E124E_ DEM_ UTM(图 3-32)按属性提取的结果如图 3-33 所示。

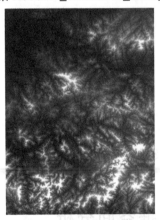

图 3-32 原始栅格数据

图 3-33 按属性提取后的栅格数据

3.3.5 成果提交

①分别提交矢量、栅格裁剪成果图。

②分别提交矢量、栅格数据镶嵌成果图。

项目四 林业空间分析

○ 项目概述

空间分析是 GIS 的主要特征，有无空间分析功能是 GIS 与其他系统相区别的标志。空间分析是从空间物体的空间位置、联系等方面去研究空间事物，以对空间事物做出定量的描述。空间分析需要复杂的数学工具，其中最主要的是空间统计学、图论、拓扑学、计算几何，其主要任务是空间构成的描述和分析。

空间数据表示的基本任务是将以图形模拟的空间物体表示成计算机能够接受的数字形式，因此空间数据的表示必然涉及空间数据模式和数据结构问题。空间数据通常分为栅格模型和矢量模型两种基本的表示模型。此外，矢量栅格一体化、三维数据模型、时空数据模型等由于自身的特点，代表数据模型发展的方向。

该项目是利用林业空间数据，对其进行矢量数据分析、栅格数据分析和三维显示分析。

○ 知识目标

①掌握矢量数据空间分析的方法。
②掌握栅格数据空间分析的方法。
③掌握研究区域数据三维显示的方法。

○ 技能目标

①能够对矢量数据进行空间分析。
②能够对栅格数据进行统计分析、重分类以及栅格计算操作。
③能够对研究区域数据进行三维分析。

任务 4.1 矢量数据空间分析

4.1.1 任务描述

矢量数据的空间分析是 GIS 空间分析的主要内容之一。由于其一定的复杂性和多样性特点，一般不存在模式化的分析处理方法，主要是基于点、线、面 3 种基本形式。缓冲区分析、叠置分析是最为常用的矢量数据空间分析内容。

本次任务的数据是学校林场部分数据.mdb，主要涉及缓冲区分析、叠置分析。

4.1.2 任务目标

①掌握矢量数据空间分析的方法。

②能够对矢量数据进行空间分析。

4.1.3 相关知识

4.1.3.1 矢量数据空间分析概述

矢量模型将地理空间看成一个空间区域，地理要素存在于其间。在矢量模型中，各类地理要素根据其空间形态特征分为点、线、面三类，对实体是位置显式、属性隐式进行描述的。点实体包括由单独一对 x, y 坐标定位的一切地理或制图实体。在矢量数据结构中，除点实体的 x, y 坐标外还应存储其他一些与点实体有关的数据来描述点实体的类型、制图符号和显示要求等。

点是空间上不可再分的地理实体，可以是具体的也可以是抽象的，如地物点、文本位置点或线段网络的结点等，如果点是一个与其他信息无关的符号，则记录时应包括符号类型、大小、方向等有关信息；如果点是文本实体，记录的数据应包括字符大小、字体、排列方式、比例、方向以及与其他非图形属性的联系方式等信息。对其他类型的点实体也应做相应的处理。

线实体用其中心轴线（或侧边线）上的抽样点坐标串表示其位置和形状；线实体可以定义为直线元素组成的各种线性要素，直线元素由两对以上的 x, y 坐标定义。最简单的线实体只存储它的起止点坐标、属性、显示符等有关数据。

面实体用范围轮廓线上的抽样点坐标串表示位置和范围，多边形面（有时称为区域）数据是描述地理空间信息的最重要的一类数据。在区域实体中，具有名称属性和分类属性的，多用多边形表示，如行政区、土地类型、植被分布等；具有标量属性的有时也用等值线描述（如地形、降水量等）。

图 4-1 为地理数据模型示意图，其中图 4-1(a) 为图形模拟表示的地理对象；图 4-1(b) 为该空间对象对应的栅格数据模型表示；图 4-1(c) 为对应的矢量模型表示。

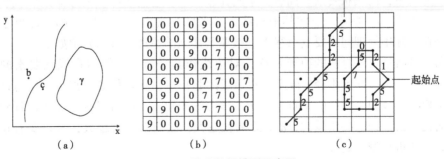

图 4-1 地理数据模型示意图

4.1.3.1 缓冲区分析

缓冲区分析(Buffer)是对选中的一组或一类地图要素(点、线或面)按设定的距离条件，围绕其要素而形成一定缓冲区多边形实体，从而实现数据在二维空间得以扩展的信息分析方法。缓冲区应用的实例有：如污染源对其周围的污染量随距离而减小，确定污染的区域；为失火建筑找到距其500m范围内所有的消防水管等。下面着重介绍缓冲区原理及其在ArcGIS中的实现。

(1) 缓冲区的基础

缓冲区是指地理空间，目标的一种影响范围或服务范围在尺度上的表现。它是一种因变量，由所研究的要素的形态而发生改变。从数学的角度来看，缓冲区是给定空间对象或集合后获得的它们的领域，而邻域的大小由邻域的半径或缓冲区建立条件来决定，因此对于一个给定的对象 A，它的缓冲区可以定义为：

$$P = \{x \mid d(x, A) \leq r\} \tag{4-1}$$

d 一般是指欧式距离，也可以是其他的距离；r 为邻域半径或缓冲区建立的条件。

缓冲区建立的形态多种多样，这是根据缓冲区建立的条件来确定的，常用的对于点状要素有圆形，也有三角形、矩形和环形等；对于线状要素有双侧对称、双侧不对称或单侧缓冲区；对于面状要素有内侧和外侧缓冲区，虽然这些形体各异，但是可以适合不同的应用要求，建立的原理都是一样的。点状要素，线状要素和面状要素的缓冲区示意图如图4-2所示。

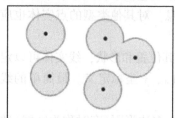
(a) 点状要素的缓冲
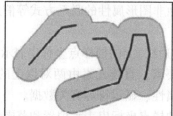
(b) 线状要素的缓冲区

(c) 面状要素的缓冲区

图4-2 点、线和面状要素的缓冲区

(2) 缓冲区的建立

从原理上来说，缓冲区的建立相当的简单。对点状要素直接以其为圆心，以要求的缓冲区距离大小为半径绘圆，所包容的区域即为所要求区域，对点状要素因为是在一维区域里所以较为简单；而线状要素和面状要素则比较复杂，它们缓冲区的建立是以线状要素或面状要素的边线为参考线，来做其平行线，并考虑其端点处建立的原则，即可建立缓冲区，但是在实际中处理起来要复杂得多。按照其建立的原理来可以介绍如下。

①角平分线法：该算法的原理是首先对边线作其平行线，然后在线状要素的首尾点处，作其垂线并按缓冲区半径 r 截出左右边线的起止点，在其他的折点处，用与该点相关联的两个相邻线段的平行线的交点来确定。该方法的缺点是在折点处，无法保证双线的等宽性，而且当折点处的夹角越大，d 的距离就越大，故而误差就越大，所以要有相应的补充判别方案来进行校正处理。

②凸角圆弧法：该算法的原理是首先对边线作其平行线，然后在线状要素的首尾点

处,作其垂线并按缓冲区半径 r 截出左右边线的起止点,然后以 r 为半径分别以首尾点为圆心,以垂线截取的起止点为圆的起点和终点作半圆弧,在其他的折点处,首先判断该点的凹凸性,在凸侧用圆弧弥合,在凹侧用与该点相关联的两个相邻线段的平行线的交点来确定。该方法在理论上保证了等宽性,减少了异常情况发生了概率,该算法在计算机实现自动化时非常重要的一点是对凹凸点的判断,需要利用矢量的空间直角坐标系的方法来进行判断处理。在 ArcGIS 中建立缓冲区的方法是基于生成多边形(buffer wizard)来实现的,它是根据给定的缓冲区的距离,对点状、线状和面状要素的周围形成缓冲区多边形图层,完全是基于矢量结构,从操作对象、利用矢量操作方法建立缓冲区的过程到最后缓冲区的结果全部是矢量的数据。下面来介绍在 ArcGIS 中建立缓冲区。

(3)点要素缓冲区的建立

对一个区域内的公园服务的覆盖范围(以 1000m 为例)做分析。

①启动 ArcMap,添加数据(位于"…\公园.shp")。

②在 ArcToolbox 工具列表中选择【分析工具】—【邻域分析】—【缓冲区】工具(图 4-3)。

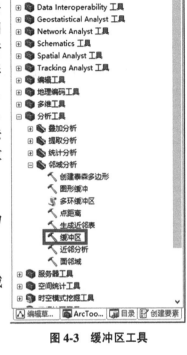

图 4-3 缓冲区工具

③双击【缓冲区】工具,弹出缓冲区对话框(图 4-4)。

◆在"输入要素"中选择:公园.shp。

◆在"输出要素类"中选择保存的路径如:D:\…\公园_Buffer.shp。

◆在"距离"中输入点状缓冲区的距离值,如 1000 米。

◆点击【确定】按钮,结果如图 4-5 所示。

图 4-4 缓冲区对话框

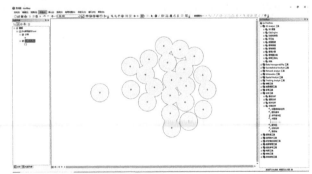

图 4-5 点状要素缓冲区

不同的缓冲区建立方法形式得到的缓冲区也有一定的区别,在实际应用中要根据不同的需要和应用方向来选择合适的建立的形式和方法,图 4-6 和图 4-7 分别是以对象属性值和环状分级缓冲区;另外也有同一区域的不同性质的要素建立的缓冲区,互不干扰的情况(图 4-8)。

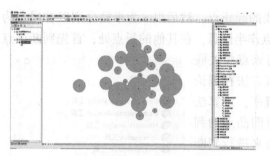

图 4-6 以对象属性值生成的缓冲区　　　　图 4-7 分成四级建立缓冲区

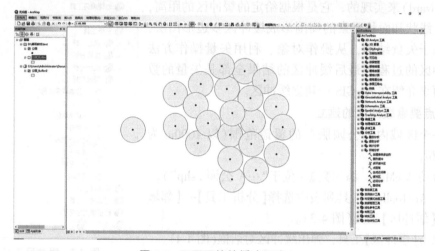

图 4-8 互不干扰的缓冲区建立

(4) 线要素缓冲区的建立

线状要素的缓冲区，由于要素的空间形态的不同，使得缓冲区形状的不同，但是缓冲区的类型是一样的，它们同样存在着普通，分级，属性权值和独立缓冲区，且建立的操作步骤和点状要素的一样。图 4-9 是其中一种线缓冲区建立的结果。

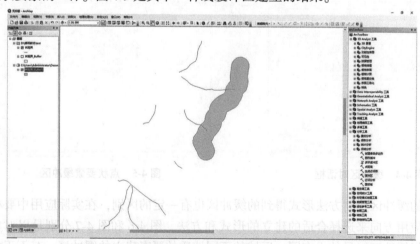

图 4-9 线状要素的缓冲区

(5) 多边形(面)要素缓冲区的建立

多边形(面)要素也可以进行建立缓冲区的操作,其中面状要素有内缓冲区和外缓冲区之分,在 ArcGIS 中的面状要素的缓冲区的获得有 4 种,主要区别如下。

①inside and outside(内外缓冲区之和)。
②only outside(仅仅只有外缓冲区)。
③only inside(仅仅只有内缓冲区)。
④outside and include inside(外缓冲区和原有图形之和),具体如图 4-10 和 4-11 所示。

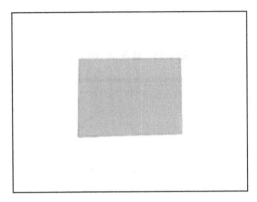

图 4-10 原始的面状要素

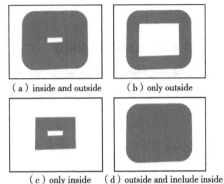

图 4-11 面状要素缓冲区

4.1.4 任务实施

子任务一 缓冲区分析

在城市中,如何为大型商场找到一个交通便利、停车方便、人员密集的商业地段是开发商最为关注的问题。因此,商场选址需对多方面因素进行分析,选出最适宜地址,获得最大的经济效益。本案例以沈阳市大型商场选址为例,具体选址的目标和标准如下。

①保证商场在居民区 100m 范围内,便于居民步行能达到商场。
②离城市交通线路 50m 以内,保证商场的通达性。
③距停车场 100m 范围内,便于顾客停车。
④距离已存在商场 500m 范围外,减少竞争压力。

本案例已有数据包括:主要居民区面数据、主要道路线数据、停车场点数据、已有大型商场点数据。

①启动 ArcMap,加载停车场、已有大型商场、主要道路、主要居民地图层数据。(位于"…\项目四\任务1\"),如图 4-12 所示。
②以居民区数据为中心,建立距离为 100m 的缓冲区,如图 4-13 所示。
③以主要交通道路为中心,建立 50m 的缓冲区,如图 4-14 所示。
④以停车场和已存在的大型商场点数据为中心,分别建立 100m 和 500m 缓冲区,得到结果如图 4-15 所示。

图 4-12 已加载的数据图层

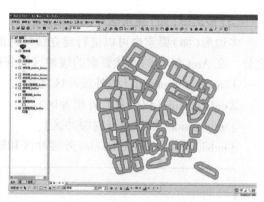

图 4-13 居民地 100m 缓冲区

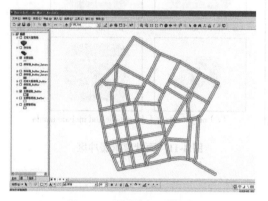

图 4-14 道路 50m 缓冲区

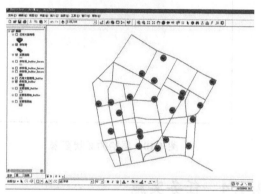

图 4-15 停车场 100m 缓冲区

⑤将主要居民地缓冲区、主要道路缓冲区、停车场缓冲区进行叠加分析求交集。

◆在 ArcToolbox 工具箱中,点击【分析工具】→【相交】。弹出【相交】对话框。

◆在输入要素中选择主要居民区_buffer、主要道路_buffer、停车场_buffer3 个 shpfile 文件。

◆在输出要素中选择相交分析的路径,进行结果文件名设置:三层_buffer-interset。

◆点击【确定】按钮,结果如图 4-17 所示。

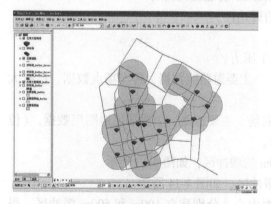

图 4-16 大型商场 500m 缓冲区

图 4-17 三个图层相交分析

任务 4.1　矢量数据空间分析

⑥再将相交的结果与已存在商场缓冲区作擦除运算，即在上图区域中，擦除掉已有大型商场 500m 范围内的区域。需要做擦除分析的两个数据层如图 4-18 所示。

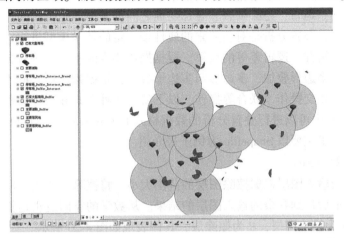

图 4-18　用于擦除分析的两个数据层

在 ArcToolbox 工具箱中，点击【分析工具】→【擦除】。弹出【擦除】对话框。在该对话框中分别进行如下设置。

◆输入要素：选择三层_ buffer-interset.shp 文件。

◆擦除要素：选择已有大型商场_ buffer.shp 文件。

◆输出要素：选择擦除分析后的成果保存的路径，进行结果文件名设置"erase.shp"。

◆点击【确定】按钮。

最终沈阳市大型商场选址的结果如图 4-19 所示。

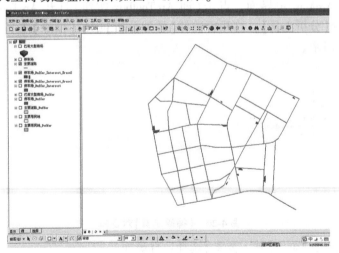

图 4-19　沈阳市大型商场选址的结果

子任务二　叠置分析

叠置分析是地理信息系统中常用的用来提取空间隐含信息的方法之一，叠置分析是将有关主题层组成的各个数据层面进行叠置产生一个新的数据层面，其结果综合了原来两个或多个层面要素所具有的属性,同时叠置分析不仅生成了新的空间关系,而且还将输入的多个数据层的属性联系起来产生了新的属性关系。其中,被叠加的要素层面必须是基于相同坐标系统的,同一地带,还必须查验叠加层面之间的基准面是否相同。

从原理上来说,叠置分析是对新要素的属性按一定的数学模型进行计算分析,其中往往涉及逻辑交、逻辑并、逻辑差等的运算。根据操作要素的不同,叠置分析可以分成点与多边形叠加、线与多边形叠加、多边形与多边形叠加;根据操作形式的不同,叠置分析可以分为图层擦除、相交操作、联合等操作,以下就这3种形式分别介绍叠置分析的操作。

其中在 ArcGIS 中可以进行叠置分析的数据格式有 Coverage、Shapefile、Geodatabase 中的数据要素等,这里主要以 Shapefile 为例子来介绍。

(1) 图层擦除(erase)

图层擦除是指输入图层根据擦除图层的范围大小,将擦除参照图层所覆盖的输入图层内的要素去除,最后得到剩余的输入图层的结果。从数学的空间逻辑运算的角度来说,即 $x \in A$ 且 $x \notin B$,A 为输入图层,B 为擦除层,具体表现如图4-20所示。

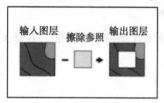 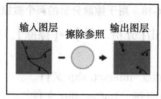 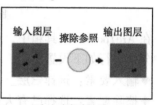

(a)多边形与多边形　　　(b)线与多边形　　　(c)点与多边形

图 4-12　图层擦除的 3 种形式

在 ArcGIS 中实现以上的操作,具体的步骤如下。

①首先打开 ArcMap 主界面,点击(即 ArcToolbox 按钮)打开 ArcToolbox 工具箱,在 ArcToolbox 中选择【分析工具】,打开后选择【叠加分析】中的【擦除】工具,打开【擦除】对话框,如图 4-20 所示。

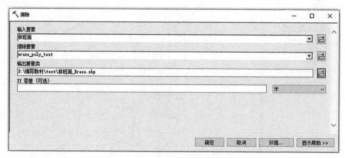

图 4-20　【擦除工具】对话框

②在擦除操作对话框中【输入要素】选择:林班面。

③在【擦除要素】选择圆形面状矢量图:erase_poly_test(也可以自行绘制其他形状的图形)。

④在【输出要素类】中设置擦除后的结果图保存的路径如:D:\…\林班面_Erase.shp。

⑤点击【确定】按钮,得到结果(图 4-21)。

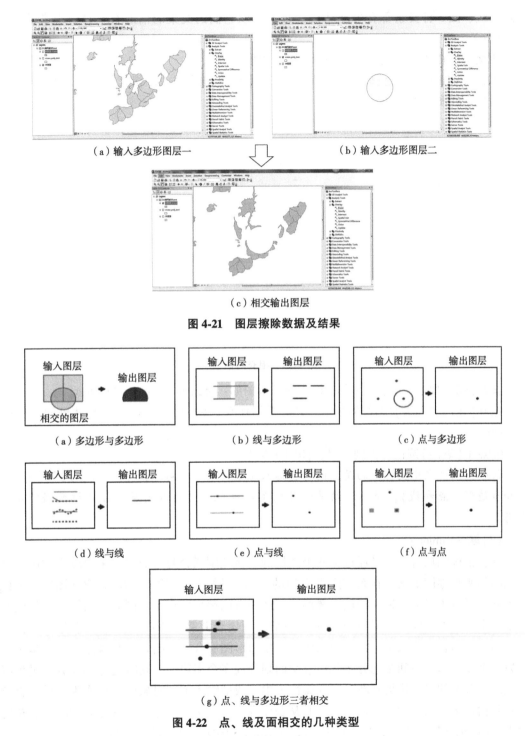

(a) 输入多边形图层一　　　　　(b) 输入多边形图层二

(c) 相交输出图层

图 4-21　图层擦除数据及结果

(a) 多边形与多边形　　(b) 线与多边形　　(c) 点与多边形

(d) 线与线　　(e) 点与线　　(f) 点与点

(g) 点、线与多边形三者相交

图 4-22　点、线及面相交的几种类型

(2) 相交操作(intersect)

相交操作是得到两个图层的交集部分,并且原图层的所有属性将同时在得到的新的图层上显示出来。在数学运算上表现如,$x \in A \cap B$(A,B 分别是进行交集的两个图层)。由于点、线、面3种要素都有可能获得交集，所以它们的交集的情形有7种，现举例如下（图4-16）。

相交操作在 ArcGIS 中的实现如下（以多边形为例）。

①在 ArcToolbox 中选择【分析工具】，选择【叠加分析】中的【相交】工具，双击打开相交对话框，如图4-23所示。

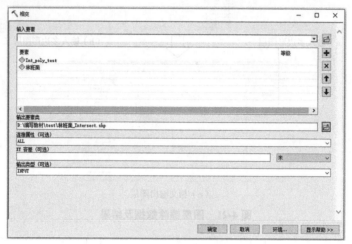

图4-23　相交对话框

②在【输入要素】中选择两个求相交的矢量图如：林班面和 Int_ poly_ test。

③在【输出要素类】中设置擦除后的结果图保存的路径如：D：\…\林班面_ Intersect.shp。

④点击【确定】按钮，得到结果，如图4-24所示。

说明：在此之中要注意的是，同时当输入几个图层是不同维数时（例如，线和多边形，点和多边形，点和线），输出的结果的几何类型也就会是输入图层的最低维数据的几何形态。

(3) 联合(union)

联合也称图层合并，是通过把两个图层的区域范围联合起来而保持来自输入地图和叠加地图的所有地图要素。在布尔运算上用的是 or 关键字，即输入图层 or 叠加图层，因此输出的图层应该对应于输入图层或叠加图层或两者的叠加的范围。同时在图层合并的同时要求两个图层的几何特性必须全部是多边形。图层合并将原来的多边形要素分割成新要素，新要素综合了原来两层或多层的属性。多边形图层合并的结果通常就是把一个多边形按另一个多边形的空间格局分布几何求交而划分成多个多边形，同时进行属性分配过程将输入图层对象的属性拷贝到新对象的属性表中，或把输入图层对象的标识作为外键，直接关联到输入图层的属性表中。图层合并从数学角度来表示就是：$\{x \mid x \in A \cup B\}$（A，B 为输入的两个图层），图解如图4-19所示。在 ArcGIS 中实现联合的操作是：

联合操作在 ArcGIS 中的实现如下（以圆形为例）。

①在 ArcToolbox 中选择【分析工具】，选择【叠加分析】中的【联合】工具，双击打开【联合】对话框，如图4-26所示。

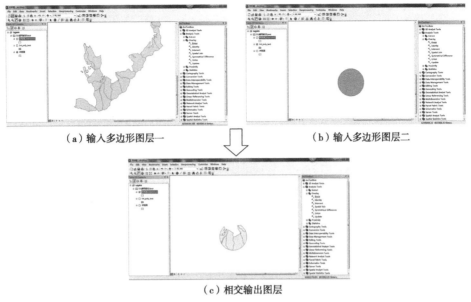

（a）输入多边形图层一　　　　　　（b）输入多边形图层二

（c）相交输出图层

图 4-24　相交操作数据及结果

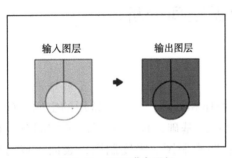

图 4-25　图层联合图解

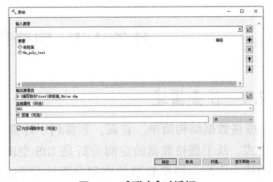

图 4-26　【联合】对话框

②在【输入要素】中选择两个联合的矢量图如：林班面和 Un_ poly_ test。

③在【输出要素类】中设置擦除后的结果图保存的路径如：D：\…\林班面_Union. shp。

④点击【确定】按钮，得到结果（图 4-27）。

从理想状态上来说，矢量的图层联合操作可以应用于各种形式矢量图形进行合并，而不应该仅仅局限于多边形与多边形。线与线，点与点之间都可以进行合并操作，而不同维数的例如点与线、点与面、线与面在目前的文件格式，操作形式，理论实现上还没有能力将他们作为同一大类的要素形态而在一起进行研究，故而只能对同维形态进行图层合并如点与点，线与线以及面与面，在现实中最常用的是多边形与多边形的合并分析。

4.1.5　成果提交

分别提交学校林场部分数据缓冲区分析、叠置分析。

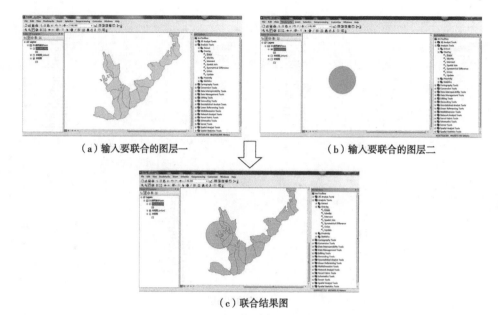

(a)输入要联合的图层一　　　　　　(b)输入要联合的图层二

(c)联合结果图

图 4-27　图层联合输入数据及结果

任务 4.2　栅格数据空间分析

4.2.1　任务描述

栅格数据结构简单、直观，非常利于计算机操作和处理，是 GIS 常用的空间基础数据格式。基于栅格数据的空间分析是 GIS 空间分析的基础，也是 ArcGIS 的空间分析模块的核心内容。栅格数据的空间分析主要包括：距离制图、密度制图、表面生成与分析、单元统计、领域统计、分类区统计、重分类、栅格计算等功能。ArcGIS 栅格数据空间分析模块(spatial analyst)提供有效工具集，方便执行各种栅格数据空间分析操作，解决空间问题。

4.2.2　任务目标

①掌握栅格数据空间分析的方法。
②能够对栅格数据进行统计分析、重分类以及栅格计算操作。

4.2.3　相关知识

在栅格模型中，地理空间被划分为规则的小单元(像元)，空间位置由像元的行列号表示。像元的大小反映数据的分辨率，空间物体由若干像元隐含描述。例如一条道路由其值为道路编码值的一系列相邻的像元表示，要从数据库中删除这条道路，则必须将所有有关像元的值改变成该条道路的背景值。栅格数据模型的涉及思想是将地理空间看成一个连续的整体，在这个空间中处处有定义。

栅格结构是以规则的阵列来表示空间地物或现象分布的数据组织，组织中的每个数据表示地物或现象的非几何属性特征。如图 4-1 所示，在栅格结构中，点用一个栅格单元表示；线状地物则用沿线走向的一组相邻栅格单元表示，每个栅格单元最多只有两个相邻单元在线上；面区域用记有区域属性的相邻栅格单元的集合表示，每个栅格单元可有多于两个的相邻单元同属一个区域。任何以面状分布的对象（土地利用、土壤类型、地势起伏、环境污染等），都可以用栅格数据逼近。遥感影像就属于典型的栅格结构，每个像元的数字表示影像的灰度等级。

4.2.4 任务实施

子任务一 统计分析

(1) 单元统计

当进行多层面栅格数据叠合分析时，经常需要以栅格单元为单位来进行单元统计（cell statistics）分析。ArcGIS 的单元统计分析功能提供了以下 10 种单元统计方法。

①Minimum：找出各单元上出现最小的数值。

②Maximum：找出各单元上出现最大的数值。

③Range：统计各单元上出现数值的范围。

④Sum：计算各单元上出现数值的和。

⑤Mean：计算各单元上出现数值的平均数。

⑥Standard Deviation：计算各单元上出现数值的标准差。

⑦Variety：找出各单元上不同数值的个数。

⑧Majority：统计各单元上出现频率最高的数值。

⑨Minority：统计各单元上出现频率最低的数值。

⑩Median：计算各单元上出现数值的中值。

如图 4-28 中的一组表格所示，表格中每一格子代表一个栅格单元，最后一个表格是基于前两个表格进行单元统计的最小值统计得到的结果。即将前两个表格中相对应栅格数值进行比较，找出各单元上出现的最小数值。

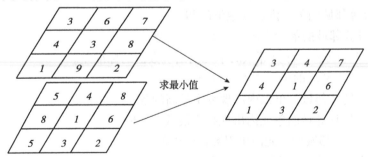

图 4-28 最小值单元统计

单元统计功能常用于同一地区多时相数据的统计，通过单元统计得出所需分析数据。例如，同一地区不同年份的人口分析，同一地区不同年份的土地利用类型分析等。

单元统计的操作过程如下。

①首先打开 ArcMap 主界面，点击（即 ArcToolbox 按钮）打开 ArcToolbox 工具箱，在 ArcToolbox 中选择【Spatial Analyst 工具】，打开后选择【局部分析】中的【像元统计数据】选项，双击打开像元统计数据对话框，如图 4-29 所示。

②在【输入栅格数据或常量值】中用 选择你要用来计算的图层加入列表框，或者点击【增加】按钮将其加入列表框，如"slope_2018、slope_2019。"

③在【输出栅格】中为输出结果指定路径及名称，如 D:\…\CellSta_ting。

④在【叠加统计】中选择你用来对输入图层进行计算的统计类型，如 MEAN。

⑤选择在计算中忽略 NoData。

⑥点击【确定】按钮，得到结果。

图 4-29 【像元统计数据】对话框

（2）邻域统计

邻域统计的计算是以待计算栅格为中心，向其周围扩展一定范围，基于这些扩展栅格数据进行函数运算，从而得到此栅格的值。ArcGIS 中的邻域统计提供了 10 种统计方法。分别如下。

①Minimum：找出在邻域的单元上出现最小的数值。

②Maximum：找在邻域的单元上出现最大的数值。

③Range：在邻域的单元上数值的范围。

④Sum：计算邻域的单元内出现数值的和。

⑤Mean：计算邻域的单元内出现数值的平均数。

⑥Standard Deviation：计算邻域的单元内出现数值的标准差。

⑦Variety：找出邻域的单元内不同数值的个数。

⑧Majority：统计邻域的单元内出现频率最高的数值。

⑨Minority：统计邻域的单元内出现频率最低的数值。

⑩Median：计算邻域的单元内出现数值的中值。

邻域统计计算过程中，对于邻域的设置有不同的设置方法，ArcGIS 中提供了 4 种邻域分析窗口，分别如图 4-30 所示。

①Rectangle：即长方形。如选择长方形邻域需要设置长方形的长和宽，缺省的邻域大小为 3*3 单元。

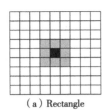 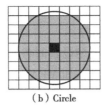 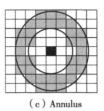 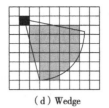

(a) Rectangle　　(b) Circle　　(c) Annulus　　(d) Wedge

图 4-30　邻域分析窗口类型

②Annulus：即环形。如选择环形邻域则要设置邻域的内半径和外半径。半径通过和 x 轴或 y 轴的垂线的长度来指定。落入环内即内外半径之间环的数值将参与邻域统计运算，内半径以内的部分不参与计算。

③Circle：即圆形。如选择圆形，则只需要输入一个圆的半径。

④Wedge：即楔形。如选择楔形则需要输入起始角度、终止角度和半径 3 项内容。起始角度和终止角度可以是 0~360 的整形或浮点值。角度值从 x 轴的正方向零度开始然后逆时针逐渐增加直至走过一个满圆又回到零度。

如图 4-31 所示，第一个表格为原始数据图，以带下划线的栅格为待计算栅格，即以 8 为中心向外扩展 3 * 3 栅格，计算函数为求均值，结果如第二个表格所示。

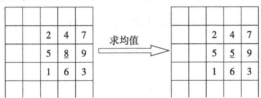

图 4-31　邻域统计分析图

利用邻域统计可以进行边缘模糊等多种操作，如图 4-32 所示，原图为一海岸线，经过邻域统计的均值运算可以进行海岸线光滑。

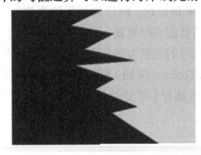 

图 4-32　利用邻域统计进行海岸线光滑

邻域分析中块统计的过程如下。

①首先打开 ArcMap 主界面，点击（即 ArcToolbox 按钮）打开 ArcToolbox 工具箱，在 ArcToolbox 中选择【Spatial Analyst 工具】，打开后选择【邻域分析】中的【块统计】选项，双击打开【块统计】对话框，如图 4-33 所示。

②在【输入栅格】中选择要用来进行点统计的图层，如 hillaha_tif。

③在【输出栅格】中，为输出结果指定路径及名称，如 D：\ …\ BlockSt_hill。

④在【邻域分析】的下拉菜单中选择你要运用的邻域类型，如圆形。

⑤邻域设置如下。
◆在【半径】后的文本框中设置半径大小，如 3。
◆在【单位】后的两个选项中选择一个邻域类型设置时各参数值的单位，如选择像元。
⑥在【统计类型】中选择你要运用的统计类型，如 MEAN。
⑦点击【确定】按钮。

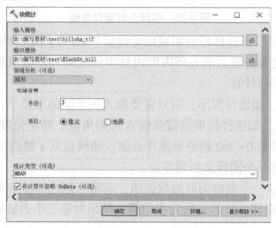

图 4-33　【块统计】对话框

子任务二　重分类

重分类即基于原有数值，对原有数值重新进行分类整理从而得到一组新值并输出。根据用户不同的需要，重分类一般包括 4 种基本分类形式：用一组新值取代原来值、将原值重新组合分类、以一种分类体系对原始值进行分类，以及为指定值设置空值。

(1) 新值取代原来值

事物总是处于不断发展变化中的，地理现象更是如此，所以为了反映事物的实时真实属性，需要不断地去用新值代替旧值。例如，气象信息的实时更新，土地利用类型的变更等。以下以服务业中包括(商场，餐饮，住宿，娱乐，超市)的变更为例介绍重分类功能的使用方法。

①首先打开 ArcMap 主界面，点击(即 ArcToolbox 按钮)打开 ArcToolbox 工具箱，在 ArcToolbox 中选择【Spatial Analyst 工具】，打开后选择【重分类】中的【重分类】选项，双击打开【重分类】对话框，如图 4-34 所示。

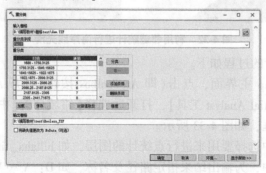

图 4-34　【重分类】对话框

②在【输入栅格】中选择需要变更值的图层,如 dem.TIF。
③在【重分类字段】的下拉菜单中选择需变更的字段,如 VALUE。
④在【新值】栏中定位需要改变数值的位置,然后键入新值。可点击【加载】按钮导入已经制作好的重映射表,也可以点击【保存】按钮来保存当前重映射表。
⑤在【输出栅格】中为输出结果指定路径及名称,如 D:\…\Reclass_TIF。
⑥点击【确定】按钮。

(2)以一种分类体系对原始值进行分类

在数据的使用过程中经常会因某种需要将数据用一种等级体系来进行分类,或需要将多个栅格数据用统一的等级体系重新归类。例如,在对洪水灾害进行预测时,需要分析降雨量数据,地形数据和植被数据等。首先要按照这几种数据对洪灾带来的影响分别将其分为大概10类(1~10)。每种数据中,级别越高其对洪灾的影响度越大。经过分类后就可以通过这些分类信息进行洪灾模拟。分类的基本操作如下。

①在 ArcToolbox 中选择【Spatial Analyst 工具】,打开后选择【重分类】中的【重分类】选项,双击打开重分类对话框。
②在【输入栅格】中选择需要重新分类的图层,如 dem.TIF。
③在【重分类字段】的下拉菜单中选择需用的字段,如 VALUE。
④点击【分类】按钮,弹出【分类】对话框,如图4-35所示。
⑤在【方法】栏的下拉菜单中选择一种分类方法,如自然间断点分级法(jenks)。
⑥在【类别】栏的下拉菜单中选择进行重分类的类别数目,如9。
⑦点击分类对话框中的【确定】按钮,保存设置并关闭【分类】对话框。
⑧根据需要,在【重分类】对话框中修改将输出的栅格数据的值,或点击【加载】按钮导入已经制作好的重映射表,也可以点击【保存】按钮来保存当前重映射表。
⑨在【输出栅格】中为输出结果指定输出路径及名称,如 D:\…\Reclass_TIF。
⑩点击【确定】按钮。

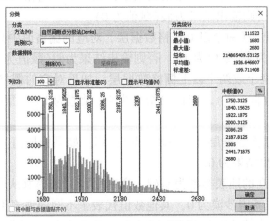

图4-35 【分类】对话框

子任务三 栅格计算

栅格计算是栅格数据空间分析中数据处理和分析中最为常用的方法,应用非常广泛。

它能够解决各种类型的问题,尤其重要的是,它是建立复杂的应用数学模型的基本模块。ArcGIS 提供了非常友好的图形化栅格计算器,利用栅格计算器,不仅可以方便地完成基于数学运算符的栅格运算,以及基于数学函数的栅格运算,而且它还支持直接调用 ArcGIS 自带的栅格数据空间分析函数,并且可以方便地实现多条语句的同时输入和运行。

(1) 数学运算

数学运算主要是针对具有相同输入单元的两个或多个栅格数据逐网格进行计算的。主要包括三组数学运算符:算术运算符,布尔运算符和关系运算符。

①算术运算:主要包括加、减、乘、除 4 种。可以完成两个或多个栅格数据相对应单元之间直接的加、减、乘、除运算。

例如,以今年与去年的降水量数据为基础,用公式(今年降水量-去年降水量)/去年降水量,可以计算出去年降水量的变化程度,如图 4-36 所示。

452	402	397		568	456	421		0.26	0.13	0.06
534	443	411		627	557	438		0.17	0.26	0.07
506	496	390		592	541	453		0.17	0.09	0.16

(a)去年降水量　　　　　(b)今年降水量　　　　　(c)变化程度反映

图 4-36　算术运算示意图

②布尔运算:主要包括和(And)、或(Or)、异或(Xor)、非(Not)。它是基于布尔运算来对栅格数据进行判断的。经判断后,如果为"真",则输出结果为 1,如果为"假",则输出结果为 0。

◆和(&):比较两个或两个以上栅格数据层,如果对应的栅格值均为非 0 值,则输出结果为真(赋值为 1),否则输出结果为假(赋值为 0)。

◆或(|):比较两个或两个以上栅格数据层,对应的栅格值中只要有一个或一个以上为非 0 值,则输出结果为真(赋值为 1),否则输出结果为假(赋值为 0)。

◆异或(!):比较两个或两个以上栅格数据层,如果对应的栅格值在逻辑真假互不相同(一个为 0,一个必为非 0 值),则输出结果为真(赋值为 1),否则输出结果为假(赋值为 0)。

◆非(^):对一个栅格数据层进行逻辑"非"运算。如果栅格值为 0,则输出结果为 1;如果栅格值非 0,则输出结果为 0。

例如,以过去及现在的地表类型为基础,说明用"和"来提取从未被沙漠化过的地表的方法,如图 4-37 所示。其中沙漠为 0,其他数值代表了不同的地表类型。

③关系运算:以一定的关系条件为基础,符合条件的为真,赋予 1 值,不符条件的为假,赋予 0 值。关系运算符包括 6 种: =,<,>,<>,>=,<=。

例如,需要提取出温度介于 20 度到 30 度之间的地区(包括 20 度和 30 度),公式为:20<=[温度]<=30。

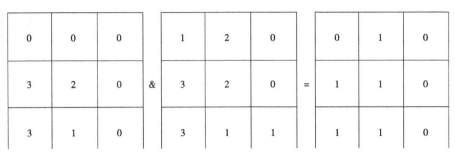

（a）以前地表类型　　　　　（b）现在地表类型　　　　（c）计算结果（1：从未被沙漠化）

图 4-37　布尔运算示意图

（2）函数运算

栅格计算器除了提供简单的数学运算符来进行栅格计算外，还提供了一些相对复杂的函数运算，包括数学函数运算和栅格数据空间分析函数运算。数学函数主要包括算术函数、三角函数、对数函数和幂函数。

①算术函数（arithmetic）：主要包括 6 种，即 abs（绝对值函数）、int（整数函数）、float（浮点函数）、ceil（向上舍入函数）、floor（向下舍入函数）和 isnul（输入数据为空数据者以 1 输出，有数据者以 0 输出）。

②三角函数（trigonometric）：常用的三角函数包括 sin（正弦函数）、cos（余弦函数）、tan（正切函数）、asin（反正弦函数）、acos（反余弦函数）和 atan（反正切函数）。

③对数函数（logarithms）：对数函数可对输入的格网数字做对数或指数的运算。指数部分包括 exp（底数 e）、exp10（底数 10）和 exp2（底数 2）；对数部分包括 log（自然对数）、log10（底数 10）和 log2（底数 2）。

④幂函数（powers）：幂函数可对输入的格网数字进行幂函数运算。幂函数包括 sqrt（平方根）、sqr（平方）和 pow（幂）。

⑤栅格数据空间分析函数：栅格计算器也直接支持 ArcGIS 自带的大部分栅格数据分析与处理函数，如栅格表面分析中的 slope、hillshade 函数等等，在此也不一一列举，具体用法请参阅相关文档。它与数学函数不同的是，这些函数并没有出现在栅格计算器图形界面中，而是由计算者自己手动输入。

（3）栅格计算器

①启动栅格计算器：启动 ArcMap，添加数据，如 slope_tingri、tingrid。在 ArcToolbox 工具列表中选择【Spatial Analyst 工具】→【地图代数】→【栅格计算器】工具，双击【栅格计算器】工具，弹出栅格计算器对话框。栅格计算器由四部分组成，左上部【图层和变量】选择框为当前 ArcMap 中已加载的所有栅格数据层名列表，双击任一个数据层名，该数据层名便可自动添加到左下部的公式编辑器中，中间部位上部是常用的算术运算符、0~9、小数点、关系和逻辑运算符面板，单击所需按钮，按钮内容便可自动添加到公式编辑器中。右边可伸缩区域为常用的数学运算函数面板，同样单击任一个按钮，按钮内容便可自动添加到公式编辑器中。

②编辑计算公式，具体操作如下。

◆简单算术运算：如图 4-38 所示，在【图层和变量】栏中双击要用来计算的图层，则选择的图层将会进入公式编辑器参与运算。其中"-"和"^"为单目运算符，运算符前可以不加内容，而只在运算符后加参与计算的对象，如-"slope_ tingri"等。在公式编辑器如果引用【图层和变量】选择框的数据层，数据层名必须用" "括起来。计算结果如图4-39所示。

◆数学函数运算结果：数学函数运算需要注意的是它输入时需要先点击函数按钮，然后在函数后面的括号内加入计算对象。应该注意一点，三角函数以弧度为其默认计算单位。

◆栅格数据空间分析函数运算：栅格数据空间分析函数没有直接出现在栅格计算器面板中，因此需要计算者自己手动输入。需要引用它们时，首先必须查阅有关文档，查清楚它们的函数全名、参数、引用的语法规则等。然后在栅格计算器输入函数全名，并输入一对小括号，再在小括号中输入相关参数或计算对象，如图4-37所示。计算结果如图4-38所示。

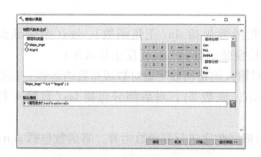 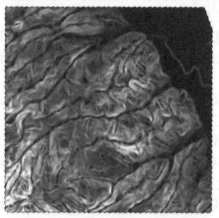

图4-38　栅格计算器的数学算术运算　　图4-39　栅格计算器的数学算术运算结果

③检查计算公式准确无误后，点击确定来完成运算，计算结果会自动加载到当前 ArcMap 视图窗口。

4.2.5　成果提交

分别提交研究区域栅格数据的统计分析、重分类、栅格计算成果。

任务4.3　三维分析

4.3.1　任务描述

随着 GIS 技术以及计算机软硬件技术的进一步发展，三维空间分析技术逐步走向成熟。三维空间分析相比二维分析，更注重对第三维信息的分析。其中第三维信息不只是地形高程信息，已经逐步扩展到其他更多研究领域，如降水量、气温等。ArcGIS 具有一个能为三维可视化、三维分析以及表面生成提供高级分析功能的扩展模块 3D 分析（3D

Analyst),可以用它来创建动态三维模型和交互式地图,从而更好地实现地理数据的可视化和分析处理。Arc Scene 是 ArcGIS 三维分析模块 3D Analyst 所提供的一个三维场景工具,它可以更加高效地管理三维 GIS 数据、进行三维分析、创建三维要素以及建立具有三维场景属性的图层。

本项目主要介绍如何利用 ArcGIS 三维分析模块进行创建表面、进行各种表面分析及在 Arc Scene 中数据的三维可视化。

4.3.2 任务目标

①掌握研究区域数据三维显示的方法。
②能够对研究区域数据进行三维分析。

4.3.3 相关知识

ArcGIS 常见的表面类型有两种:一是栅格表面。我们可以用点创建栅格表面,也可以通过栅格表面插值(反距离加权插值、样条插值、克里金插值、邻域法插值等)来创建栅格表面;二是 TIN 表面,可以由矢量数据和栅格数据进行创建。

具有空间连续特征的地理要素,其值的表示可以借鉴三维坐标系统 X、Y、Z 中的 Z 值来表示,一般通称为 Z 值。在一定范围内的连续 Z 值构成了连续的表面。由于表面实际上包含了无数个点,在应用中不可能对所有点进行度量并记录。表面模型通过对区域内不同位置的点进行采样,并对采样点插值生成表面,以实现对真实表面的近似模拟。

创建表面后,我们就可以利用 ArcGIS 提供的 3D 分析工具进行三维分析,例如,计算表面长度、表面积与体积,计算坡度与坡向,进行可视性分析,提取断面,创建表面阴影等。除了地形,由 ArcGIS 生成的 TIN 还可用于其他领域,例如工程的填挖方量的计算,纵剖面和剖面线的生成等。

4.3.4 任务实施

子任务一 栅格表面创建

(1)由点创建栅格面

插值是利用有限数目的样本点来估计未知样本点的值,这种估值可用于高程、降水量、化学污染程度、噪声等级、湖泊水质等级等连续表面。插值的前提是空间地物具有一定的空间相似性,距离较近的地物,其值更为接近,如气温、水质等。实际中,通常不可能对研究区内的每个点的属性值都进行测量。一般选择一些离散的样本点进行测量,通过插值得出未采样点的值。采样点可以是随机选取、分层选取或规则选取,但必须保证这些点代表了区域的总体特征。例如,某一地区的气象观测站,一般都是在该地区内具有一定控制意义的观测点,由它们采集所得到的温度、气压、大气污染指数等数据是在空间上离散的点,同时代表了该地区内这种指标的总体特征,因此可以插值生成连续且规则的栅格面。点插值的一个典型的例子是利用一组采样点来生成高程面,每个采样点高程值由某种测量手段得到,区域内其他点的高程通过插值得出,如图 4-40 所示。

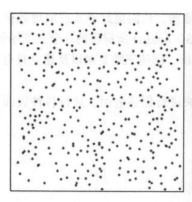 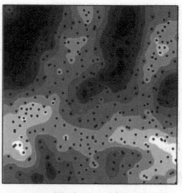

图 4-40　高程点插值

如前所述，由点数据插值生成栅格面的方法有很多，常用的有反距离权重法、克里金法、自然邻体法（邻域法）和样条函数法。每种方法进行预测估值时都有一定的前提假设，根据所要建模的现象及采样点的分布，每种方法有其适用的前提条件。但是，不论采用哪种方法，通常采样点数目越多，分布地越均匀，插值效果就会越好。

①反距离权重法：这种方法的假设前提是每个采样点间都有局部影响，并且这种影响与距离大小成反比。则，离目标点近的点其权值就比远的点大。这种方法适用于变量影响随距离增大而减小的情况。如计算某一超市的消费者购买力权值，由于人们通常喜欢就近购买，所以距离越远权值越小。

②克里金方法：此方法的假设前提是采样点间的距离和方向可反映一定的空间关联，并用它们来解释空间变异。克里金利用一定的数学函数对特定点或是给定搜索半径内的所有点进行拟合来估计每个点的值。该方法适用于已知数据含距离和方向上的偏差的情况，常用于社会科学研究及地质学中。

③邻域法：类似于反距离权重法，是一种权平均算法。但是它并不利用所有的距离加权来计算插值点。邻域法对每个样本点作 Delauney 三角形，选择最近的点形成一个凸集，然后利用所占面积的比率来计算权重。该方法适用于样本点分布不均的情况，较为常用。

④样条函数法：它采用样本点拟合光滑曲线，且其曲率最小。通过一定的数学函数对采样点周围的特定点进行拟合，且结果通过所有采样点。该方法适用于渐变的表面属性，如高程、水深、污染聚集度等。不适合在短距离内属性值有较大变化的地区，那样估计结果会偏大。

(2) 栅格表面插值

此处就 ArcGIS 三维分析模块所提供的几种插值方法的实现做一一介绍。在采用这些方法从事点数据创建新的栅格表面时，可以调整参数。

①可变半径的反距离加权插值可变半径插值：指在输出栅格单元最大搜索半径范围内，找出最近的 N 个点作为插值的输入点。与之相反，固定半径插值使用指定搜索半径范围内的所有点作为插值的输入点。

◆首先启动 ArcMap，在 ArcToolbox 工具列表中选择【3D Analyst 工具】—【栅格插值】—【反距离权重法】工具，双击【反距离权重法】工具，弹出反距离权重法对话框，如图 4-41 所示。

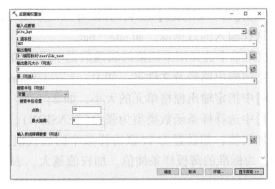

图 4-41 反距离权重法对话框

◆在【输入点要素】选择输入的数据源，如 site_ hgt。

◆在【Z 值字段】下拉菜单中选择用来插值的属性数据字段，如 HGT。

◆在【输出栅格】中指定输出路径及文件名，如 D：\ … \ Idw_ test。

◆在【输出像元大小】中指定输出栅格单元的大小，如 2。

◆在【幂】中设置幂数，幂即距离的指数。幂越大，点的距离对每个处理单元的影响越小。幂越小，表面越平滑。通常认为，幂的合理范围是(0.5~3)，这里设置为 2。

◆在【搜索半径】中选择搜索半径类型为变量。

◆对搜索半径进行设置：设置最大搜索半径内用作输入的点数为 12（Number of points）；指定最大搜索半径为 0（Maximumu distance）。

◆在【输入折线障碍要素】中如有用作插值障碍（某些线性要素类，如断层或悬崖，在其所在高程发生突变处，在对各个输入栅格单元插值时，可用来限制输入点的搜索）的要素类，可以进行选择确定。

◆点击【确定】按钮，得到结果如图 4-42 所示。

②固定半径的反距离加权插值：与可变半径操作方法类似，不同之处在于选择搜索半径类型为固定（fixed）。需要注意的是，固定半径插值时，使用指定搜索半径内所有的点作为输入点。如果在搜索半径内没有任何点，这时将自动增加栅格单元的搜索半径，直到达到指定的最少点数为止。

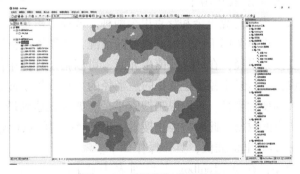

图 4-42 反距离权重法结果

③样条插值：是用表面拟合一组点的方法，要求所有的点均处于生成的表面上。

◆首先启动 ArcMap，在 ArcToolbox 工具列表中选择【3D Analyst 工具】→【栅格插值】

→【样条函数法】工具，双击【样条函数法】工具，弹出样条函数法对话框，如图4-43所示。

◆在【输入点要素】选择输入的数据源，如site_hgt。

◆在【Z值字段】下拉菜单中选择用来插值的属性数据字段，如HGT。

◆在【输出栅格】中指定输出路径及文件名，如D：\…\Spline_test。

◆在【输出像元大小】中指定输出栅格单元的大小，如2。

◆在【样条函数类型】中选择样条函数类型为张力(TENSION)。

◆在【权重】中设置加权值，如设置为1（张力样条中的加权值，是用来调整表面弹力的值。当加权值为0时，为标准的薄板样条插值。加权值越大，表面弹性越大。典型的加权值为0、1、5和10）。

◆在【点数】中指定输入栅格单元插值时使用的最少点数，如设置为12；在计算表面时，点数控制了各个区域中点的平均数目。区域指大小相等的矩形，区域的数目由输入数据集中点的总数除以点数。当数据不是均匀分布时，各个区域中所包含的点的个数与指定的点数会有所差别。如果某区域中包含的点数少于8个，区域将会扩张直至包含了8个点。

◆点击【确定】按钮，得到结果如图4-44所示。

图4-43 样条函数法对话框

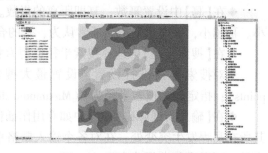

图4-44 样条函数法插值结果

④规则样条插值：规则样条允许用来控制表面的平滑度。一般需要计算插值表面的二阶导数时，使用规则样条。其实现过程与张力样条类似，不同之处在于选择样条类型时应选规则(Regularized)。需要注意的是，规则样条中的权重值用来控制表面的平滑度。权重指定三阶导数的系数，以使表面的曲率最小。权重值越大，表面越平滑，一阶导数（坡度）表面也越平滑。通常，权重值取0~0.5。

⑤克里金插值：又分为普通克里金和泛克里金两种。普通克里金是应用最普遍的，它假定均值是未知的常数。泛克里金用于已知数据趋势的情况，并能够对数据进行科学的判断来描述它。通过使用可变搜索半径，在计算插值单元时，可以指定计算中使用的点数。这使得对于每个插值单元来说，其搜索半径都是变化的。半径的大小依赖于搜索到指定点数的输入点时的距离。指定最大的搜索半径，可以限制搜索半径。如果在达到最大搜索半径时，搜索到的点数还没有达到指定的数目，此时将停止搜索，用已经搜得的点计算插值单元。

第一种为可变半径的克里金插值，具体操作如下。

◆首先启动ArcMap，在ArcToolbox工具列表中选择【3D Analyst 工具】—【栅格插值】—【克里金法】工具，双击【克里金法】工具，弹出【克里金法】对话框，如图4-45所示。

◆在【输入点要素】选择输入的数据源，如site_hgt。

◆在【Z值字段】下拉菜单中选择用来插值的属性数据字段，如HGT。

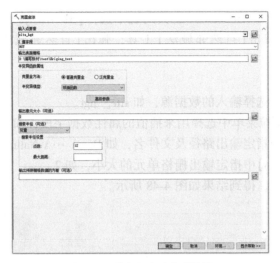

图 4-45 【克里金法】对话框

◆在【输出栅格】中指定输出路径及文件名，如 D：\…\ Kriging_ test。

◆对半变异函数属性设置如下：在【克里金方法】中选择一种克里金插值方法，如普通克里金；在【半变异模型】中选择插值所使用的模型，如球面函数。

◆在【输出像元大小】中指定输出栅格单元的大小，如 2。

◆在【搜索半径】下拉框中选择搜索半径类型为变量。

◆对搜索半径进行设置如下：设置最大搜索半径内用作输入的点数，如 12。

◆点击【确定】按钮，得到结果如图 4-46 所示。

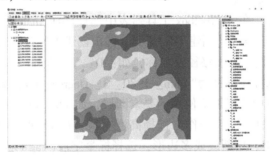

图 4-46 克里金法插值结果

第二种为固定半径的克里格插值，具体操作如下。

与可变半径操作方法类似，不同之处在于选择搜索半径类型为固定(fixed)，同时需要指定默认搜索半径。可以通过工具条上的测量工具，测量点间的距离，根据实际需要估计使用的搜索半径的大小与点数。

⑥邻域法插值：邻域插值将 TIN 的一些方法与栅格插值方法结合起来。栅格表面使用输入数据点及其邻近栅格单元进行插值。首先，为输入数据点创建一个 Delauney 三角形，输入的样本数据点作为三角形的结点，并且每个三角形的外接圆不能够包含其他结点。对每个样本点，邻域为其周围相邻多边形形成的凸集中最小数目的结点。每个相邻点的权重，通过评价其影响范围的 Thiessen/Voroni 技术计算出来。

首先启动 ArcMap，在 ArcToolbox 工具列表中选择【3D Analyst 工具】—【栅格插值】—【自然邻域法】工具，双击【自然邻域法】工具，弹出【自然邻域法】对话框，如图 4-47 所示。

插值步骤如下。

◆在【输入点要素】选择输入的数据源，如 site_hgt。
◆在【Z 值字段】下拉菜单中选择用来插值的属性数据字段，如 HGT。
◆在【输出栅格】中指定输出路径及文件名，如 D：\…\Natural_test。
◆在【输出像元大小】中指定输出栅格单元的大小，如 2。
◆点击【确定】按钮，得到结果如图 4-48 所示。

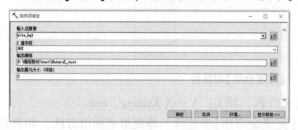

图 4-47 【自然邻域法】对话框

图 4-48 自然邻域法插值结果

子任务二 TIN 表面创建

(1) 由矢量数据创建 TIN 的方法

①创建 TIN，具体操作如下。

◆首先启动 ArcMap，在 ArcToolbox 工具列表中选择【3D Analyst 工具】→【数据管理】→【TIN】→【创建 TIN】工具，双击【创建 TIN】工具，弹出创建 TIN 对话框，如图 4-49 所示。
◆在【输出 TIN】中设置输出路径及名称，如：D：\…\tin。
◆在【坐标系】中选择坐标系为"Xian_1980_3_Degree_GK_Zone_41"。
◆在【输入要素类】中选择需要使用的要素图层，如 site_hgt、site_dgx。
◆对每个要素类，进行以下操作：选择高度字段，如 HGT、BSGC；选择要素合成方式(SF Type)，包括点集、隔断线或多边形；选择标签字段(Tag Field)（如需要以要素的值来标记 TIN 要素），如 HGT、BSGC。
◆点击【确定】按钮，得到创建 TIN 的结果如图 4-50 所示。

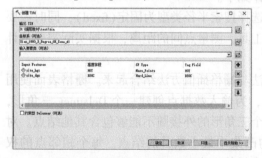

图 4-49 【创建 TIN】对话框

图 4-50 创建 TIN 结果

②编辑 TIN，具体操作如下。

◆首先启动 ArcMap，在 ArcToolbox 工具列表中选择【3D Analyst 工具】→【数据管理】→【TIN】→【编辑 TIN】工具，双击【编辑 TIN】工具，弹出【编辑 TIN】对话框，如图 4-51 所示。

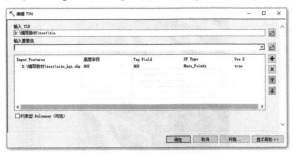

图 4-51 【编辑 TIN】对话框

◆在【输入 TIN】中选择需要编辑的 TIN，如 tin。

◆在【输入要素类】中选择要添加到 TIN 中的要素图层及其他要素类（甚至可以是某要素类中已选中的若干要素），如 site_ hgt。

◆对每个要素类，进行以下操作：选择高度字段，如 HGT；选择标签字段（Tag Field）（如需要以要素的值来标记 TIN 要素），如 HGT；选择要素合成方式（SF Type），可以选择点集（Mass_ Points）；使用 Z（Use Z）选择 true。

◆最后点击【确定】按钮，将所做改动保存在原始 TIN 中。

（2）由栅格创建 TIN

在表面建模或建模简化可视化过程中，经常需要将栅格表面转换成 TIN 表面。在由栅格转换到 TIN 的过程中，可以向原有栅格中添加原来没有的要素如溪流与道路，这样可以改进表面模型。在转换时，需指定输出 TIN 的垂直精度，以后的三维分析将选择达到此精度的点集的子集。

①首先启动 ArcMap，在 ArcToolbox 工具列表中选择【3D Analyst 工具】→【转换】→【由栅格转出】→【栅格转 TIN】工具，双击【栅格转 TIN】工具，弹出【栅格转 TIN】对话框，如图 4-52 所示。

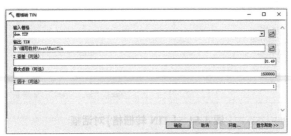

图 4-52 【栅格转 TIN】对话框

②在【输入栅格】中选择来源栅格图层，如 dem. TIF。

③在【输出 TIN】中指定输出的路径和文件名，如 D：\ … \ RastTin。

④在【Z 容差】中设定值为 31.49。

⑤在【最大点数】中设定限制加入 TIN 中的点数：1500000。

⑥在【Z因子】中设定值为1。
⑦点击【确定】按钮，得到结果如图4-53。

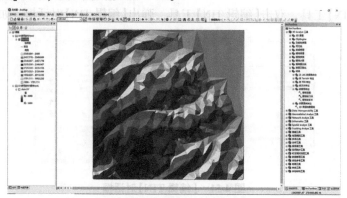

图4-53 栅格转TIN结果

(3) TIN转换成栅格表面

①首先启动ArcMap，在ArcToolbox工具列表中选择【3D Analyst工具】→【转换】→【由TIN转出】→【TIN转栅格】工具，双击【TIN转栅格】工具，弹出TIN转栅格对话框，如图4-54所示。

②在【输入栅格】中选择来源TIN图层，如tin。
③在【输出栅格】中指定输出的路径和文件名，如D：\…\tingrid。
④在【输出数据类型】的下拉菜单中选择输出数据的类型，如FLOAT。
⑤在【方法】的下拉菜单中选择LINEAR。
⑥在【采样距离】的下拉菜单中选择输出栅格的像元大小的采样方法为OBSERVATIONS，距离输入为250。
⑦在【Z因子】中设定值为1。
⑧点击【确定】按钮，得到转换结果。

图4-54 【TIN转栅格】对话框

子任务三 表面分析

表面创建好之后，通常可用来进行进一步分析，包括可视化增强，如设置阴影地貌，或者进行诸如从一个特定的位置或路径设置可视化的更高级别的分析。三维分析还提供将表面转换成矢量数据的工具，以便与其他矢量数据一起进行分析。

任务 4.3　三维分析

(1) 计算表面积与体积

使用三维分析模块的面体积工具，可以计算针对某个参考平面的表面面积及体积。平面上某矩形区的面积为其长与宽的乘积。与此不同，表面积是沿表面的斜坡计算的，考虑到了表面高度的变化情况。除非表面是平坦的，通常表面积总是大于其二维底面积。进一步分析，比较表面积与其二维底面积还可以获得表面糙率指数或表面的坡度，两者的差异越大，意味着表面越粗糙。

体积指表面与某指定高度的平面(参考平面)之间的空间大小，按照表面与参考平面的上下关系分为两种，分别是参考平面之上的体积和参考平面之下的体积，如某山体的土方量或某水库的库容就是最常见的例子。

①首先启动 ArcMap，在 ArcToolbox 工具列表中选择【3D Analyst 工具】→【表面三角化】→【面体积】工具，双击【面体积】工具，弹出【面体积】对话框，如图 4-55 所示。

图 4-55　【面体积】对话框

②在【输入表面】选择要评估的 terrain 或 TIN 表面，如 tin。

③在【输入要素类】中选择用来确定待处理的表面区域的面要素，如参考面。

④在【高度字段】的下拉菜单中选择参考面属性表中的字段，如 GHT，用于定义确定体积计算中使用的参考平面高度。

⑤在【参考平面】选择 ABOVE，代表计算参考平面之上的体积。

⑥在【体积字段】中指定体积计算所属字段的名称。默认值为 Volume。

⑦在【表面面积字段】中指定表面积计算所属字段的名称。默认值为 SArea。

⑧【金字塔等级分辨率】，此工具将使用 terrain 金字塔等级的 Z 容差或窗口大小分辨率。默认值为 0(Z 容差)，或全分辨率(窗口大小)。

⑨点击【确定】按钮，进行运算，结果将写入上步所指定参考面的属性表中。

⑩如有需要，可重新设置参数，然后重新计算。

(2) 坡度与坡向的计算

表面模型主要有栅格表面和 TIN 表面两类，对于坡度、坡向的计算，它们各有所不同。

①坡度的计算：在 TIN 表面上的坡度与栅格表面所指不同。构成三角网的每一个三角形构成一个平面。表面上某一点必处于某一三角形，也就处于某一特定平面上，则该点的坡度即指其所处平面与水平面之间的夹角，如图 4-56 所示。

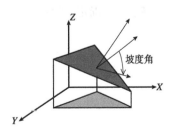

图 4-56　TIN 表面坡度角示意图

· 123 ·

坡度以度(°)度量,从 0°~90°。

启动 ArcMap,在 ArcToolbox 工具列表中选择【3D Analyst 工具】—【栅格表面】—【坡度】工具,双击【坡度】工具,弹出坡度对话框,如图 4-57 所示。

计算过程如下:

◆在【输入栅格】中输入表面栅格 tingrid。

◆在【输出栅格】确定输出路径及文件名,如 D:\…\Slope_tingri。

◆在【输出测量单位】确定输出坡度数据的测量单位为度/Degree。

◆最后点击【确定】按钮,得到结果,某区域 TIN 表面及由其计算出的坡度栅格图像,如图 4-58 所示。

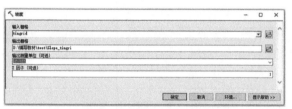

图 4-57 【坡度计算】对话框

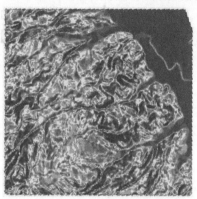

图 4-58 生成的某区域坡度栅格图像

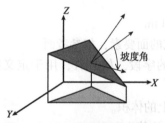

图 4-59 TIN 表面坡向示意图

②坡向的计算:TIN 表面上某点的坡向即指该点所处的三角形面的坡向。亦即该三角形面的法线方向在平面上的投影所指的方向,如图 4-59。坡向用度数来测量,正北是 0°,正东是 90°,正南是 180°,正西是 270°。

启动 ArcMap,在 ArcToolbox 工具列表中选择【3D Analyst 工具】→【栅格表面】→【坡向】工具,双击【坡向】工具,弹出坡向对话框,如图 4-60 所示。

计算步骤如下:

◆在【输入栅格】中输入表面栅格,如 tingrid。

◆在【输出栅格】确定输出路径及文件名,如 D:\…\Aspect_tingr。

◆点击【确定】按钮。

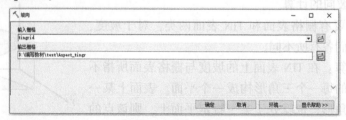

图 4-60 坡向对话框

(3) 可视域分析

地表某点的可视范围在通讯、军事、房地产等应用领域有着重要的意义。ArcGIS 三维分析模块可以进行沿视觉瞄准线上点与点之间可视性的分析或整个表面上的视线范围内的可视情况分析。

在 ArcGIS 中,可以计算表面(栅格表面或 TIN 表面均可)上单点视场或者多个观测点的公共视场,甚至可以将线作为观测位置,此时线的节点集合即为观测点。计算结果为视场栅格图,栅格单元值表示该单元对于观测点是否可见,如果有多个观测点,则其值表示可以看到该栅格的观测点的个数。

启动 ArcMap,在 ArcToolbox 工具列表中选择【3D Analyst 工具】→【可见性】→【视域】工具,双击【视域】工具,弹出视域对话框,如图 4-61 所示。

图 4-61 【视域】对话框

计算步骤如下:

①在【输入栅格】中输入表面栅格,如 tingrid。

②在【输入观察点或观察折线要素】中设定观察点(选择用作观测点的要素图层),如 site_hgt1。

③在【输出栅格】确定输出路径及文件名,如 D:\…\viewshe_ting。

④点击【确定】按钮。

(4) 山体阴影

使用山体阴影功能可以在二维环境下展现地表面高低起伏情况,而提取山体阴影也很方便,只要有 DEM 数据,使用 ArcToolbox 工具便可轻松实现。

①在 ArcMap 中添加 DEM 数据,在 ArcToolbox 工具列表中选择【Spatial Analyst 工具】→【表面分析】→【山体阴影】,弹出【山体阴影】对话框,如图 4-62 所示。

②在【输入栅格】中输入表面栅格,如 dem.TIF。

③在【输出栅格】中确定输出路径及文件名,如 D:\…\HillSha_TIF。

图 4-62 山体阴影对话框

④山体阴影提取完成后,在 ArcMap 图层列表中,右键单击山体阴影图层,选择属性菜单项,打开山体阴影图层属性窗口;选择显示选项卡,设置图层透明度,如图 4-63 所示,透明度设为 30%,点击【确定】关闭窗口。

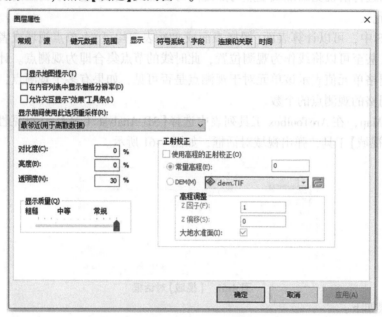

图 4-63　图层属性对话框下透明度设置

⑤在 ArcMap 图层列表中,右键单击 DEM 图层,选择属性菜单项;打开图层属性窗口,如图 4-65 所示;选择符号系统选项卡,选择拉伸,设置拉伸类型为最值,选择色带。

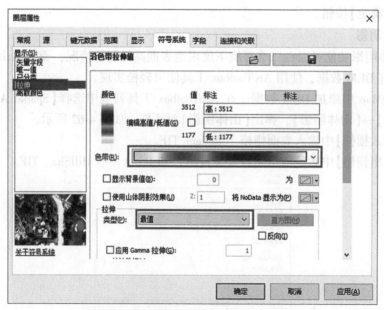

图 4-64　图层属性对话框下符号系统设置

⑥单击【确定】关闭窗口,查看制作效果,如图 4-65 所示。

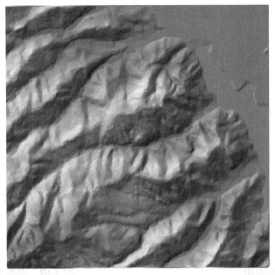

图 4-65　DEM 与山体阴影叠加显示的视场图

(5)提取断面

在工程(如公路、铁路、管线工程等)设计过程中,常常需要提取地形断面,制作剖面图。例如,在规划某条铁路时需要考虑线路上高程变化的情况以评估在其上铺设轨道的可行性。

剖面图表示了沿表面上某条线前进时表面上高程变化的情况。剖面图的制作可以采用该区域的栅格 DEM 或 TIN 表面。

计算过程如下:

①在 ArcMap 中添加数据,然后在 3D Analyst 工具条上选择该数据,如图 4-66 所示。

图 4-66　选择数据

②使用插值线(Interpolate line)工具创建线,以确定剖面线的起终点,如图 4-67 所示。

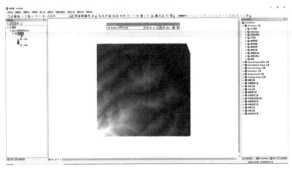

图 4-67　设定剖面线起终点

③使用创建剖面图(Profile Graph)工具生成剖面图,如图 4-68 所示。

④在生成的剖面图标题栏上点击右键,选择属性(Properties)项,进行布局调整与编辑,如图 4-69 所示。

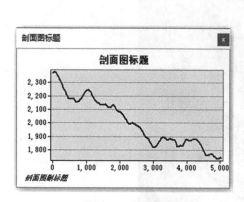

图 4-68　剖面图　　　　　　　　图 4-69　调整剖面图

4.3.5　成果提交

分别提交研究区域坡度、坡向图,计算选定区域的表面长度、表面积。

项目五 林业专题地图编辑

项目概述

林业专题地图编辑就是将现有的林业地图、地形图、林业外业观测成果、航空相片、遥感图像、文本资料等转成计算机可以处理与接收的数字形式。数据采集分为属性数据采集和图形数据采集。对于属性数据的采集经常是通过键盘直接输入;图形数据的采集实际上就是图形数字化的过程。数据采集过程中难免会存在错误,所以对图形数据和属性数据进行一定的检查、编辑是很有必要的。

本项目主要包括林业空间数据可视化、地图标注和注记、林业专题地图制作3个任务。

知识目标

①掌握林业空间数据符号设置方法。
②掌握地图标注和注记的方法。
③掌握林业专题图版面的设置方法。
④掌握林业专题图的打印与输出方法。

技能目标

①能熟练的修改、创建和设置符号。
②能创建自己的样式符号库。
③能对地图添加的标注和注记。
④能熟练的设置地图版面。
⑤能熟练的打印和输出林业专题图。

任务 5.1 空间数据可视化

5.1.1 任务描述

空间数据的符号化是将矢量地图数据按照出图要求设置各种图例的过程,它将决定地图数据最终以何种面目呈现在用户面前,因此,符号化对专题图制图非常重要。本任务将从符号的修改、制作,以及制定样式库等方面来学习空间数据符号化的各种设置方法。

通过该任务的学习,掌握单一符号设置、符号按照类别显示、按照数量分级显示等操作,为后面的专题地图制作任务打下基础。

5.1.2 任务目标

①掌握空间数据按照类别显示的方法。
②掌握空间数据按照数量显示的方法。
③能够对空间数据进行不同符号显示。

5.1.3 相关知识

对于一幅地图,确定了数据之后,就要根据数据的属性特征、地图的用途、制图比例尺等因素,来确定地图要素的表示方法,也就是空间数据的符号化。空间数据可以分为点、线、面3种不同的类型,点要素可以通过点状符号的形状、色彩、大小表示不同的类型或不同的等级。线要素可以通过线状符号的类型、粗细、颜色等表示不同的类型或不同的等级。而面要素则可以通过面状符号的图案或颜色来表示不同的类型或不同的等级。无论是点要素、线要素,还是面要素,都可以依据要素的属性特征采取单一符号、定性符号、定量符号、统计图表符号、组合符号等多种表示方法实现数据的符号化。下面介绍符号的修改、符号的制作以及常用的符号设置方法。

5.1.4 任务实施

子任务一 单一符号设置

单一符号设置是 ArcMap 系统中加载新数据所默认的表示方法,它是采用统一大小、统一形状、统一颜色的点状符号、线状符号或面状符号来表达制图要素,而不管要素本身在数量、质量、大小等方面的差异。

单一符号设置的操作步骤如下。

①启动 ArcMap,添加数据:加载小班面.gdb 数据库中"小班部分"要素类(位于"…\项目五\任务1\")。

②在内容列表中右击"小班部分"图层,在弹出菜单中单击【属性】,打开【图层属性】对话框,单击【符号系统】标签,切换到【符号系统】选项卡,如图 5-1 所示。

③在【显示】列表框中,单击【要素】进入【单一符号】形式,单击【符号】色块,打开【符号选择器】对话框,如图 5-2 所示。

④在【符号选择器】对话框中选择合适的符号,单击【确定】返回。

⑤单击【确定】,完成单一符号的设置。

上述操作是单一符号设置的完整过程,在实际工作中,可以使用更为简便的方法进行设置。可以直接在内容列表中双击数据层对应的符号,就可以打开【符号选择器】对话框,根据需要改变符号的大小、形状、粗细、色彩等特征就可以了。

任务 5.1　空间数据可视化

图 5-1　单一符号设置　　　　　图 5-2　【符号选择器】对话框

子任务二　定性符号设置

定性符号表示方法是根据数据层要素属性值来设置符号的，对具有相同属性值的要素采用相同的符号，对属性值不同的要素采用不同的符号，定性符号表示方法包括"唯一值""唯一值，多个字段"和"与样式中的符号匹配"3 种方法。

(1) 唯一值定性符号设置

①启动 ArcMap，添加数据：加载小班面.gdb 数据库中"小班部分"要素类(位于"…\项目五\任务 1\")。

②双击小班部分图层，打开【图层属性】对话框；在【图层属性】对话框中，单击【符号系统】标签，切换到【符号系统】选项卡，在【显示】列表框中单击【类别】并选择【唯一值】，如图 5-3 所示。

③在【值字段】区域单击下拉列表框，选择字段"小班号"。

④单击【添加所有值】按钮，将"小班号"字段值全部列出，在【色带】区域单击下拉列表框中选择一种色带，改变符号颜色，也可以直接双击【符号】列表下的每一个符号，进入【符号选择器】对话框直接修改每一符号的属性。

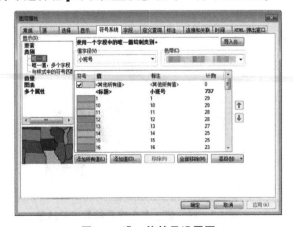

图 5-3　唯一值符号设置图　　　　　图 5-4　【添加值】对话框

· 131 ·

⑤如果不想将所有的属性都显示出来，单击【添加值】按钮，打开【添加值】对话框，如图5-4所示，即可添加自己想添加的内容。

⑥单击【确定】按钮，完成唯一值定性符号设置，结果如图5-5所示。

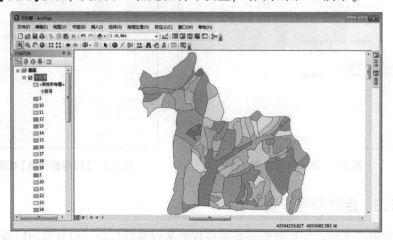

图5-5 唯一值符号设置结果

以上是面图层唯一值定性符号的设置过程，点图层与线图层的设置过程与上述过程类似，这里就不做介绍了。

(2) 唯一值，多个字段定性符号设置

①启动 ArcMap，添加数据：加载小班面 .gdb 数据库中"小班部分"要素类。(位于"…\项目五\任务1\")。

②双击该图层，打开【图层属性】对话框；在【图层属性】对话框中，单击【符号系统】标签，切换到【符号系统】选项卡，在【显示】列表框中单击【类别】并选择【唯一值，多个字段】。

③在【值字段】区域单击下拉列表框，选择字段"坡向"和"林种"(最多不超过3个)，如图5-6所示。

④单击【添加所有值】按钮，单击【确定】按钮，完成唯一值，多个字段定性符号设置，结果如图5-7所示。

图5-6 唯一值，多个字段符号设置

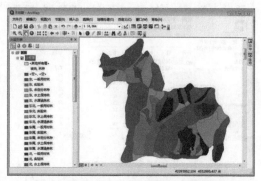

图5-7 唯一值，多个字段符号设置结果

子任务三 定量符号设置

定量符号的表示方法是根据属性表中的数值字段来设置符号的，定量符号表示方法包括"分级色彩""分级符号""比例符号"和"点密度"4 种方法。

(1) 分级色彩符号设置

①启动 ArcMap，添加数据：加载小班面.gdb 数据库中"小班部分"要素类。(位于"…\项目五\任务 1\")。

②在【图层属性】对话框中，单击【符号系统】标签，切换到【符号系统】选项卡，在【显示】列表框中单击【数量】并选择【分级色彩】。

③在字段区域中单击【值】下拉列表框，选择字段"海拔"，在【归一化】下拉框中选择字段"面积"，表示林场各个小班的海拔分级。

④在【色带】下拉列表框中选择一种色带。由于系统默认的分级方法是自然间断点分级法，分类数为"5"，这种分级方法优点是通过聚类分析将相似性最大的数据分在同一级，而差异性最大的数据分在不同级。缺点是分级界限往往是一些任意数，不符合制图的需要，因此，需要进一步修改分级方案。如图 5-8 所示。

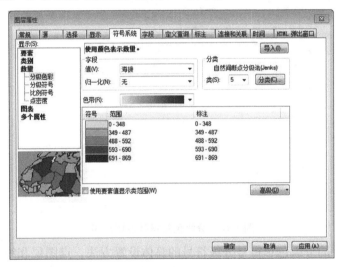

图 5-8 分级色彩符号设置

⑤单击【分类】按钮，打开【分类】对话框，单击【类别】下拉框，选择"5"。

⑥单击【方法】下拉框，选择分级方法为：手动，单击【中断值】列表框中的第一个数字，使数据处于编辑状态，输入数字 100，重复上面的操作步骤，依次将"中断值"修改为：100、200、500、700、1000。

⑦选择【显示标准差】和【显示平均数】复选框，单击【确认】按钮，返回【图层属性】对话框。如图 5-9 所示。

⑧单击【确定】按钮，完成分级色彩定量符号设置，结果如图 5-10 所示。

(2) 分级符号设置

分级符号设置类似于分级色彩的设置方法，参照以上设置，得到的结果如图 5-11 所示。

项目五 林业专题地图编辑

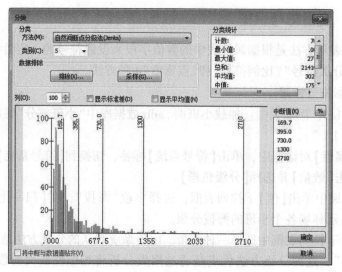

图 5-9 【分类及图层属性】对话框

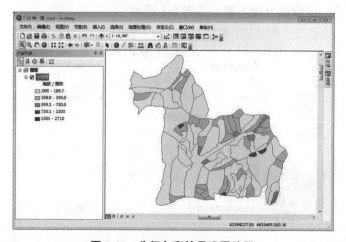

图 5-10 分级色彩符号设置结果

以上是面图层的分级色彩符号分级符号的具体设置方法，点图层和线图层的符号设置步骤与面图层设置一致。

(3) 比例符号设置

根据数据的属性数值有无存储单位，数据的比例符号设置分不可量测和可量测两种类型。

第一种类型：不可量测比例符号设置。

①在【显示】列表框中单击【数量】并选择【比例符号】，如图 5-12 所示。

②在【值】下拉列表框中选择字段"林龄"。单击【单位】下拉列表框中选择"未知单位"；单击【背景】按钮，打开【符号选择器】对话框，进行背景色的设置。

③设置【显示在图例中的符号数量】为"5"。

④单击【确定】按钮，完成比例定量符号设置，结果如图 5-13 所示。

第二种类型：可量测比例符号设置。

· 134 ·

任务 5.1　空间数据可视化

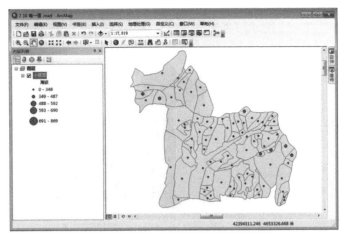

图 5-11　分级符号设置结果

图 5-12　不可测量比例符号设置

如果应用比例符号所表示的属性数值与地图上的长度或面积有关的话，就需要在【单位】下拉列表框中选择一种单位。具体操作步骤如下。

①在【值】下拉列表框中选择字段"小班蓄积"。在【单位】下拉列表框中选择"米"，如图 5-14 所示。

②在【数据表示】区域选中【面积】按钮。

③在【符号】区域设置符号的颜色、形状、背景色以及轮廓线的颜色和宽度。

④单击【确定】按钮，完成可测量比例符号设置，结果如图 5-15 所示。

(4) 点密度符号设置

①在【显示】列表框中单击【数量】并选择【点密度】，如图 5-16 所示。

②在【字段选择】列表框中，双击字段"郁闭度"，该字段进入右边的列表中。

③在【密度】区域中调节【点大小】和【点值】的大小，在【背景】区域设置点符号的背景及其背景轮廓的符号。

· 135 ·

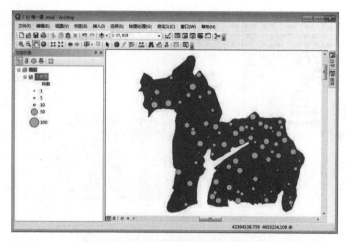

图 5-13　不可测量比例符号设置结果

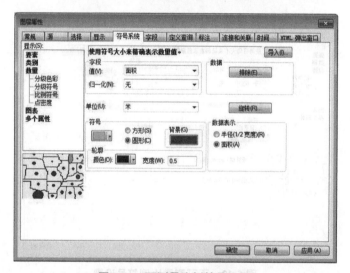

图 5-14　可测量比例符号设置

④选中【保持密度】复选框，表示地图比例发生改变时点密度保持不变。

⑤单击【确定】按钮，完成点密度符号设置，结果如图 5-17 所示。

子任务四　统计图表符号设置

统计图表是专题地图中经常应用的一类符号，用于表示制图要素的多项属性。常用的统计图标有饼图、条形图、柱状图和堆叠图。下面以柱状统计图为例说明具体操作。

①在【图层属性】对话框中，单击【符号系统】标签，切换到【符号系统】选项卡，在【显示】列表框中单击【图表】并选择【条形图/柱状图】，如图 5-18 所示。

②在【字段选择】列表框中双击字段"平均树高""林龄""小班蓄积"，3 个字段自动移动到右边的列表框中，双击符号，进入【符号选择器】对话框，选择或修改符号。

③单击【属性】按钮，打开【图表符号选择器】对话框，调整宽度和间距，如图 5-19 所示。

④单击【背景】按钮，打开【符号选择器】对话框，为图表选择一种合适的背景。

任务 5.1 空间数据可视化

图 5-15 可测量比例符号设置结果

图 5-16 点密度符号设置

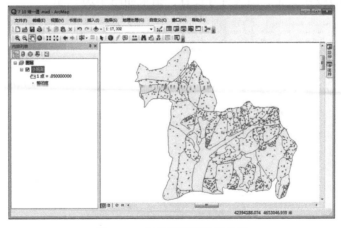

图 5-17 点密度符号设置结果

图 5-18 条形图/柱状图符号设置

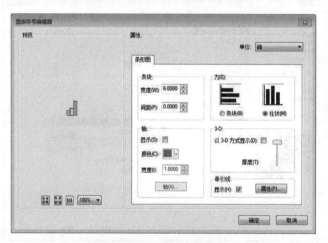

图 5-19 图表符号选择器

⑤单击【确定】按钮,完成图表符号设置,结果如图 5-20 所示。

图 5-20 柱状图符号设置结果

饼图和堆叠图的操作步骤同柱状图，符号设置结果如图 5-21 和图 5-22 所示。

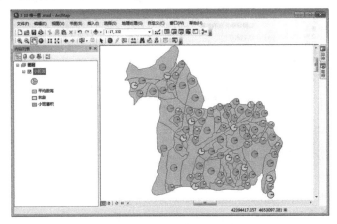

图 5-21　饼图符号设置结果

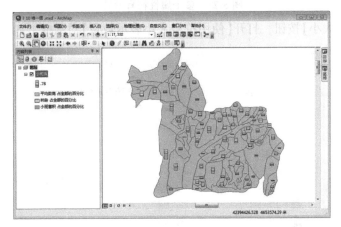

图 5-22　堆叠图符号设置结果

子任务五　多个属性符号设置

多个属性符号设置就是利用不同的符号参数表示同一地图要素的不同属性信息，比如利用面状符号的颜色表示不同的林班，符号的大小表示海拔的高低。具体操作步骤如下：

①启动 ArcMap，添加数据：加载小班面.gdb 数据库中"小班部分"要素类。(位于"…\项目五\任务 1\")。双击该图层，打开【图层属性】对话框。

②在【图层属性】对话框中，单击【符号系统】标签，切换到【符号系统】选项卡，在【显示】列表框中单击【多个属性】并选择【按类别确定数量】，如图 5-23 所示。

③在第一个【值字段】中选择字段"林班号"，在【配色方案】下拉列表框中选择一种色彩方案。

④单击【添加所有值】按钮，加载属性字段"林班号"的所有数值。并取消选择"其他所有值"前面的复选框。

⑤双击"符号"列的第一个符号，打开【符号选择器】对话框，设置符号图案和色彩。用相同的办法设置剩余符号的图案和色彩。

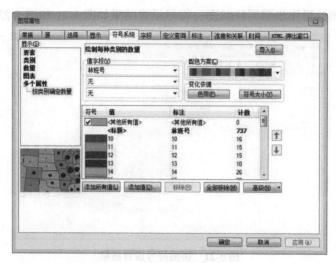

图 5-23　多个属性符号设置

⑥单击【符号大小】按钮，打开【使用符号大小表示数量】对话框，如图 5-24 所示。

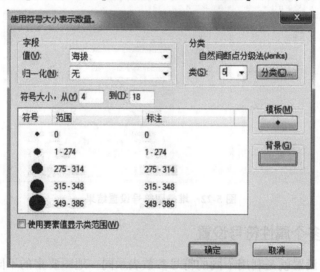

图 5-24　【使用符号大小表示数量】对话框

⑦在【值】下拉框中选择"海拔"。

⑧单击【分类】按钮，打开【分类】对话框，单击【类别】下拉框，选择"5"。

⑨单击【确定】按钮，完成多个属性符号设置，结果如图 5-25 所示。

5.1.5　成果提交

分别提交上述任务的符号化后的结果图，每个结果保存为.mxd 地图文档进行提交。

5.1.6　知识拓展

知识拓展的任务是：点线面符号的修改和制作，具体操作如下。

任务 5.1 空间数据可视化

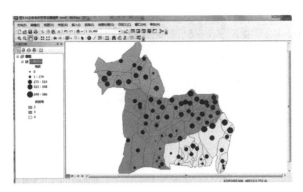

图 5-25　多个属性符号设置结果

子任务一　符号的修改

在制图的过程中，直接调用图式符号库的符号是非常基础的操作（这里不做介绍），但由于不同行业制图需求不同，图式符号库中的符号不能满足要求时，就需要修改符号的属性。符号的修改操作步骤如下。

①启动 ArcMap，添加数据（位于"…\ prj07 \ 符号设置 \ data"）。

②在内容列表中，单击省会城市图层标签下的符号，打开【符号选择器】，选择一种符号，如图 5-26 所示。

图 5-26　【符号选择器】对话框

③在【当前符号】区域，修改符号的颜色、大小和角度。也可以单击【编辑符号】按钮，打开【符号属性编辑器】对话框，对符号进行修改。

④单击【另存为】按钮，打开【项目属性】对话框，如图 5-27 所示。

⑤在对话框中输入修改后的符号的名称、类别和标签，符号将被保存在默认的图式符号库 Administrator. style 中。

图 5-27 【项目属性】对话框

⑥单击【完成】按钮，返回【符号选择器】对话框。
⑦单击【确定】按钮，完成点符号修改设置。
以上是点符号的修改方法，线符号和面符号的修改步骤与点符号修改一致。

子任务二 符号的制作

当修改符号都不能满足需要时，我们就需要使用样式管理器对话框在相应的样式中制作能够满足制图需要的全新符号。

(1) 点符号制作

制作点符号的位置在样式管理器的"标记符号"文件夹中。点符号的类型有简单标记符号、字符标记符号、箭头标记符号、图片标记符号以及 3D 简单标记符号、3D 标记符号和 3D 字符标记符号。下面以制作简单标记符号为例介绍点符号的制图，具体操作步骤如下。

①在 ArcMap 窗口菜单栏，单击【自定义】→【样式管理器】，打开【样式管理器】对话框。

②单击 Administrator.style 下的【标记符号】文件夹。

③在【样式管理器】的右侧空白区域，右击鼠标选择【新建】→【标记符号】，打开符号【属性编辑器】对话框，如图 5-28 所示。

④单击【类型】下拉框，选择"简单标记符号"，单击【简单标记】标签，设置颜色为红色，样式为圆形，大小为 7。

⑤在【图层】区域单击【添加图层】按钮，添加一个简单标记图层，然后选中该图层，设置颜色为黑色，样式为圆形，大小为 8，预览栏中可以看到符号的形状。

⑥单击【确定】按钮，完成一个简单标记符号的制作，结果如图 5-29 所示

(2) 线符号制作

制作线符号的位置在样式管理器的"线符号"文件夹中。线符号的类型有简单线符号、制图线符号、混列线符号、标记线符号、图片线符号以及 3D 简单线符号和 3D 简单纹理线符号。下面以制作制图线符号为例介绍线符号的制作，具体操作步骤如下。

①在【样式管理器】对话框中单击 Administrator.style 下的【线符号】文件夹。

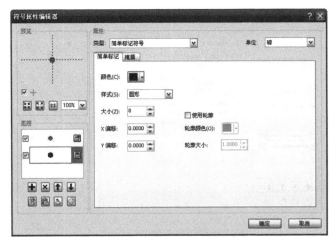

图 5-28 符号属性编辑器对话框

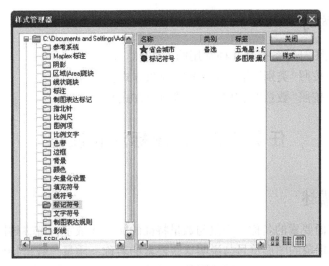

图 5-29 点符号制作结果

②在【样式管理器】的右侧空白区域，右击鼠标选择【新建】→【线符号】，打开符号【属性编辑器】对话框，如图 5-30 所示。

③单击【类型】下拉框，选择"制图线符号"，单击【制图线】标签，设置颜色为红色，宽度为 4，线端头为平端头，线连接为圆形。

④在【图层】区域单击【添加图层】按钮，添加一个制图线图层，然后选中该图层，设置颜色为绿色，宽度为 5，线端头为平端头，线连接为圆形。

⑤单击【确定】按钮，完成一个制图线符号的制作。

(3) 面符号制作

制作面符号的位置在样式管理器的"填充符号"文件夹中。面符号的类型有简单填充符号、渐变填充符号、图片填充符号、线填充符号、标记填充符号以及 3D 纹理填充符号。由于面符号制作的方法与点符号和线符号的制作类似，这里就不再举例。

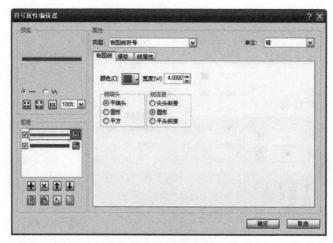

图 5-30 制图线符号制作

5.1.7 巩固练习

①林业专题地图符号系统有几种常用的方法？
②符号系统中按照"类别"有几种专题图制图方式？
③符号系统中按照"数量"有几种专题图制图方式？

任务 5.2 地图标注和注记

5.2.1 任务描述

地图上说明图面要素的名称、质量与数量特征的文字或数字，统称地图注记。在地图上只有将表示要素和现象的图形符号与说明这些要素的名称、质量、数量特征的文字和数字符号结合起来，形成一个有机整体，即地图的符号系统，这样才能使地图更加有效地进行信息传输。否则，只有图形符号而没有注记符号的地图，只能是一种令人费解的"盲图"。地图上的注记分为名称注记、说明注记和数字注记 3 种。名称注记用于说明各种事物的专有名称，如山脉名称，江、河、湖、海名称，居民地名称，地区、国家、大洲、大陆和岛屿名称等。说明注记用于说明各种事物种类、性质或特征，用以补充图形符号的不足，常用简注形式表示。数字注记用于说明事物的数量特征，如地形高程、比高、路宽、水深、流速和承载压力等。同时，借助不同字体、字号和颜色的注记也能够进一步标明事物的性质、种类及数量差异。因此，地图注记在地图图面上与图形符号构成一种相辅相成的整体。

该任务需要掌握地图注记要素的建立、更改、注记的自动标注、单一要素标注和多属性要素标注等方法。

5.2.2 任务目标

①掌握地图注记要素的建立、修改。

②掌握地图注记的自动标注。
③能够进行单一要素标注、多属性要素标注等操作。

5.2.3 相关知识

地图注记的形成过程就是地图的标注。根据标注对象的类型以及标注内容的来源，可以分为3种：交互式标注、自动标注和链接式标注。

使用交互式标注的前提是需要标注的图形较少，或需要标注的内容没有包含在数据层的属性表中，或需要对部分图形要素进行特别说明。在这种情况下，可以应用交互式标注方式来放置地图注记。

大多数情况下，使用的是自动式标注方法，它的前提是标注的内容包含在属性表中，且需要标注的内容布满整个图层，甚至分布在若干数据层，在这样的情况下，可以应用自动标注方式来放置地图注记。可以根据属性表中的一项属性内容标注于图，也可以按照条件选择其中一个子集进行标注。

5.2.4 任务实施

要素注记是独立要素类，存放在数据库中，有自己的要素类，作为独立的图层，可用在不同的地图文档中。位置、角度的定位比较精确，字体的选择也比较自由，适合静态、精细、量较大、内容相对稳定的注记。

子任务一　注记要素类建立

注记要素类分为注记要素和标尺注记要素类。存放在要素数据集中，使用要素数据集的坐标，不需要重新定义空间参考。存放在数据库中的要素数据集之外，必须定义空间参考坐标。

①在ArcCatalog目录树中，在需要建立要素类的要素数据集上单击右键，单击〔新建〕，选择要素类命令，如图5-31所示。

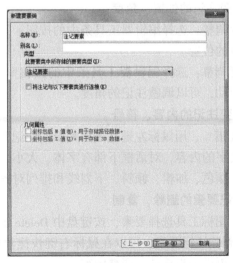

图5-31　新建要素类　　　　图5-32　【新建要素类】对话框

②弹出【新建要素类】对话框，如图5-32所示。在名称文本框中输入要素类名称，在别名文本框中输入要素类别名，别名是对真名的进一步描述。在类型选项组选择"注记要素"类型。

③单击【下一步】按钮，进行坐标系统设置：选择"Gauss_ Kruger 投影，Beijing_1954_ 3_ Degree_ GK_ Zone_ 42"。

④单击【下一步】按钮，进行拓扑容差设置（默认即可）。

⑤单击【下一步】按钮，输入一个当前可见图形的参考比例尺（如1:20000）；单击【下一步】按钮。

单击【完成】按钮，完成操作，建立一个注记要素类。

子任务二 注记要素类的输入

(1) 水平注记要素类的输入

①按 键，加载注记要素类和要标注的要素类；

②在基本工具条中点击图标，调出编辑工具条，选择【菜单编辑器】→【开始编辑】；

③进入编辑状态，在右侧创建要素菜单中，选择注记要素图层；

④在注记要素图层下选择"注记类1"，调出注记构造对话框，如图5-33所示。

图5-33 注记构造对话框

⑤在注记构造对话框中（默认水平方式），输入标注的内容；如果想让注记的文件沿道路方向注记，可以选择【随沿注记】按钮。

⑥鼠标的光标成为十字丝状态，在地图上适当的位置左键点击一下，左右调节鼠标位置，可以自动旋转文字注记方向，再鼠标左键点击就输入一个注记内容。

⑦如果到其他地方再点击一下，就输入了第二个注记，点击任何别的操作性按钮，结束注记的输入状态。

(2) 改变注记的位置、角度

①位置调整：选择编辑器工具条中的按钮，然后点击要编辑的注记要素，可以拖动调整到合适的位置。

②角度调整：选择编辑器工具条中的按钮，鼠标光标变成圆弧，选中其中一个注记，上下拖动，可以调整注记的角度。

(3) 改变注记的内容、符号

选择按钮，用鼠标左键点击要编辑的注记要素，在右侧的注记编辑对话框中，可以更改注记文字的内容，对话框下部有字体、大小、颜色和旋转角度值等内容，可以调整字体、大小、颜色、加粗、倾斜、下划线和排列对齐方式等。

(4) 注记要素的删除、复制

利用图标工具选择要素，按键盘中 Delete 键，或鼠标右键点击要素后选择快捷菜单 Delete，可删除注记要素。可以在鼠标右键快捷菜单中选复制、粘贴，实现要素在原处复制、粘贴，再进一步移动、调整内容。

子任务三 标尺注记要素类创建及输入

(1) 建立标尺注记要素类

①在 ArcCatalog 目录树中，在需要建立要素类的要素数据集上单击右键，单击【新建】，选择要素类命令。

②弹出新建要素类对话框。在名称文本框中输入要素类名称，在别名文本框中输入要素类别名，别名是对真名的进一步描述。在类型选项组选择"标尺注记要素"类型。

③单击【下一步】按钮，进行坐标系设置：选择"Gauss_ Kruger 投影，Beijing_ 1954_ 3_ Degree_ GK_ Zone_ 42"。

④单击【下一步】按钮，进行拓扑容差设置（默认即可）。

⑤单击【下一步】按钮，输入一个当前可见图形的参考比例尺（如 1:20000）；点击【下一步】按钮。

⑥单击【完成】按钮，完成操作，建立一个标尺注记要素类。

(2) 标尺注记要素类的输入

常用标尺注记的输入方法如下。

①按 键，加载标尺注记要素类和要标注的要素类。

②在基本工具条中点击图标 ，调出编辑工具条，选择菜单编辑器/开始编辑。

③进入编辑状态，在右侧创建要素菜单中，选择尺寸注记如图 5-34 所示。

④鼠标的光标成为十字丝状态，在地图上适当的元素位置点击一下，就输入一个标尺注记的起点，到其他地方再点击一下，就输入了标尺注记的终点，两点间的距离自动注记到地图上，结束注记的输入状态。如图 5-35 所示。

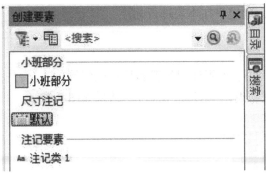

图 5-34 标尺注记

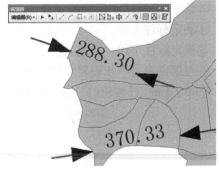

图 5-35 标尺注记效果图

(3) 标尺注记的编辑

①删除：标尺注记是复杂要素，在编辑工具栏上单击 按钮，选择某标尺注记要素，按键盘 Delete 键，就可删除。

②调整：在编辑工具栏上单击 按钮，然后选择距离标注，可以用鼠标向近或向远的不同方向拖动，实现注记位置的调整。

子任务四　自动标注操作（属性标注）

如果需要标注的内容布满整个数据层、甚至分布在若干数据层，而且注记的内容包含在属性表中，就可以应用自动标注方式放置地图注记。当然，可以根据需要将属性表中的一项属性内容全部标注在图上，也可以按照条件选择其中的一个子集进行标注。

根据自动标注的具体实现方式，可以进一步分为单一要素标注、部分要素标注、多种属性标注、编程自动标注等多种方式，下面分别说明。

（1）单一要素标注

①将鼠标指针放在需要放置注记的数据层上双击，打开【图层属性】对话框，如图 5-36 所示。

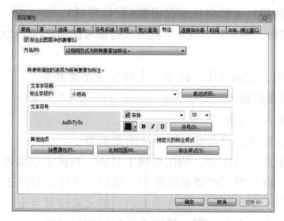

图 5-36　【图层属性】对话框

②单击【标注】标签进入标注选项卡。
③选中"标注这个图层的要素"复选框，确定只在本层进行标注。
④确定标注方法。
⑤确定标注字段：小地名。
⑥根据需要进一步设置字体、颜色、大小、设置注记位置和显示比例等。
⑦单击【确定】按钮（完成注记参数设置，返回 ArcMap 窗口）。结果如图 5-37 所示。

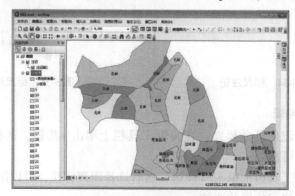

图 5-37　单一要素标注

(2) 多种属性标注

设置小班号和小班面积两种属性注记。

①双击小班图层，打开【图层属性】对话框，单击【标注】标签，切换到【标注】选项卡，如图 5-38 所示。

②单击【表达式】按钮，打开【标注表达式】对话框，如图 5-39 所示。

图 5-38　图层属性对话框　　　图 5-39　标注表达式对话框

③按图 5-38 和 5-39 设置对话框参数，如果按照"分式"注记：把"小班号"字段作为分子部分，把小班面积作为分母部分显示的表达式为：

[小班号]&vbnewline&"—"&vbnewline&[小班面积]

即：[分子字段]&vbnewline&"—"&vbnewline&[分母字段]

单击【确定】按钮，完成小班图层注记。

> 说明：分式中"—"的长短如果根据分子分母字段的长短自动变化可以利用<und>表达式，输入格式为："<und>"&[分子字段]&"</und>"&vbnewline&[分母字段]。
>
> 如果分子字段想显示出多个字段的时候，如分子字段显示[小班号]和[作业区]；分母字段显示[小班面积]的表达式如下：
>
> "<und>"&[小班号]&"-"&[作业区]&"</und>"&vbnewline&[小班面积]

④单击【确定】按钮，完成小班地图层注记，结果如图 5-40 所示。

⑤在【文件】菜单下点击【保存】命令，在弹出菜单中输入【文件名】，单击【确定】按钮，所有图层符号设置都将保存在该地图文档中。

该任务学习了如何在 ArcMap 中进行地图注记，地图注记也是一幅完整地图的有机组成部分，用于说明图形符号方法表达的定量或定性特征，通常包括文字注记、数字注记、符号注记等 3 种类型，如道路名称、城镇名称等一般是文字注记，地面高程、水系流量等一般是数字注记，而道路里程碑、大地测量点等可能是符号注记。地图的编辑，地图注记的形成过程就是地图的标注（Label），根据标注对象的类型及标注内容的来源，可以分为 2 种：交互标注操作（图形注记、注记要素）、自动标注操作（属性标注）。完整的注记主要包括：注记内容的确定，注记方式的选择，注记字体、大小、方向、颜色、位置等参数的定义。属性标注依附于要素的属性，不能在地图上单独编辑，当注记位置很密时，靠软件自动调整标注的位置，减轻编辑工作量。

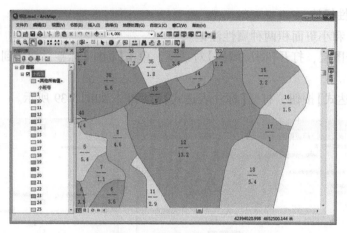

图 5-40 小班图层注记设置结果

5.2.5 成果提交

分别提交林场小班图的单一要素标注.mxd 及多属性标注.mxd 文件。

5.2.6 巩固练习

①如何进行单一属性标注？
②如何进行多种属性标注？
③如何进行注记要素的编辑？

任务 5.3 林业专题地图制作

5.3.1 任务描述

为了能够制作出符合要求的地图并将所有的信息表达清楚，满足生产和生活的需求，需要根据地图数据比例尺大小设置页面大小、页面方向、图框大小等，同时还需要添加图名、比例尺、图例、指北针等一系列辅助要素，并将制作好的专题图进行打印或输出，本任务将从这些方面学习林业专题地图制图与输出。

5.3.2 任务目标

①了解 ArcGIS 的版面制图的相关基本知识。
②掌握 ArcMap 制图与输出的基本操作方法。
③能够对林业地图进行专题图制作。

5.3.3 相关知识

专题图编制是一个非常复杂的过程，前面两个项目的内容，包括上一个任务"林业空间数据符号化"，都是为专题图的编制来准备地理数据的。然而，要将准备好的地图数据，通过一幅完整的地图表达出来，将所有的信息传递出来，满足生产、生活中的实际需要，这个过程中涵盖了很多内容，包括版面纸张的设置、制图范围的定义、制图比例尺的确定、图名、图例、坐标格网等。

5.3.4 任务实施

子任务一 制图版面设置

(1) 版面尺寸设置

ArcMap 窗口包括数据视图和布局视图，正式输出地图之前，应该首先进入布局视图，按照地图的用途，比例尺，打印机的型号等来设置版面的尺寸。若没有进行设置，系统会应用它默认的纸张尺寸和打印机。版面尺寸设置的操作步骤如下：

①单击【视图】菜单下的【布局视图】命令，进入布局视图。

②在 ArcMap 窗口布局视图中当前数据框外单击鼠标右键，弹出针对整个页面的布局视图操作快捷菜单，选择【页面和打印设置】命令，打开【页面和打印设置】对话框，如图 5-41 所示。

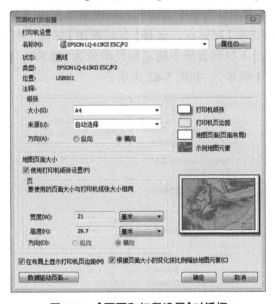

图 5-41 【页面和打印设置】对话框

③在【名称】下拉列表中选择打印机的名字。【纸张】选项组中选择输出纸张的类型：A4。如在【地图页面大小】选项组中选择了"使用打印机纸张设置"选项，则【纸张】选项组中默认尺寸为该类型的标准尺寸，方向为该类型的默认方向。若不想使用系统给定的尺寸和方向，可以在【大小】下拉列表中选择"用户自定义纸张尺寸"，去掉"使用打印机纸张设置"选项前面的钩，在【宽度】和【高度】中输入需要的尺寸以及单位。【方向】可选"横向"或者"纵向"。

④选择"在布局上显示打印机页边距"选项，则在地图输出窗口上显示打印边界，选择"根据页面大小的变化按比例缩放地图元素"选项，则使得纸张尺寸自动调整比例尺。注意选择"根据页面大小的变化按比例缩放地图元素"选项的话，无论如何调整纸张的尺寸和纵

横方向，系统都将根据调整后的纸张参数重新自动调整地图比例尺，如果想完全按照自己的需要来设置地图比例尺就不要选择该选项。

⑤单击【确定】按钮，完成设置。

(2) 辅助要素设置

为了便于编制输出地图，ArcMap 提供了多种地图输出编辑的辅助要素，如标尺、辅助线、格网、页边距等，用户可以灵活的应用这些辅助要素，使地图要素排列得更加规则。

①标尺：显示了最终打印地图上页面和地图元素的大小。标尺的应用包括设置标尺功能的开关、设置自动捕捉标尺以及设置标尺单位等。

◆标尺功能开关：在 ArcMap 窗口布局视图当前数据框外单击鼠标右键，弹出针对整个页面的布局视图快捷操作菜单，选择【标尺】→【标尺】命令（默认状态下，标尺是打开的，再次单击就关闭）。

◆标尺捕捉开关：在弹出针对整个页面的布局视图操作快捷菜单中，选择【标尺】—【捕捉到标尺】命令，标尺捕捉打开时，命令前有√标志；再次单击就关闭，√标志消失。

◆标尺单位设置：在弹出针对整个页面的布局视图操作快捷菜单中，选择【ArcMap 选项】命令，打开【ArcMap 选项】对话框，选择【布局视图】标签，打开【布局视图】选项卡，在【标尺】选项组的【单位】下拉列表框中确定标尺单位为"厘米"，【最小主刻度】下拉列表框中设置标尺分划为"0.1 厘米"，如图 5-42 所示。

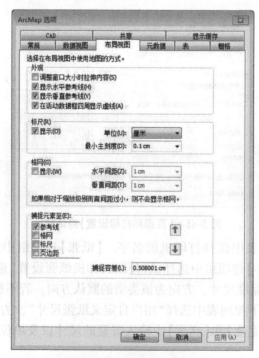

图 5-42 布局视图对话框

②参考线：是用户用来对齐页面上地图元素的捷径。用户可以设置参考线功能的开关、设置参考线自动捕捉、增删参考线以及移动参考线等。

◆参考线功能的开关:在ArcMap窗口布局视图当前数据框外单击鼠标右键,弹出针对整个页面的布局视图快捷操作菜单,选择【参考线】—【参考线】命令,打开参考线功能,再次单击就关闭。

◆参考线捕捉开关:在弹出针对整个页面的布局视图操作快捷菜单中,选择【参考线】—【捕捉到参考线】命令,参考线捕捉打开时,命令前有√标志;再次单击就关闭,√标志消失。

◆增删、移动参考线:在ArcMap窗口布局视图中将鼠标指针放在标尺上单击左键,就会在当前位置增加一条参考线;将鼠标指针放在标尺中参考线箭头上按住鼠标左键拖动,可以移动参考线;在标尺中参考线箭头上单击鼠标右键,打开辅助要素快捷菜单,选择"清除参考线"或"清除所有参考线"命令,删除一条或所有参考线。

③格网:是用户用来放置地图元素的参考格点。格网操作包括设置格网的开关、设置格网大小和设置捕捉误差等。

◆格网功能的开关:在ArcMap窗口布局视图当前数据框外单击鼠标右键,弹出针对整个页面的布局视图快捷操作菜单,选择【格网】—【格网】命令,打开或关闭格网。

◆格网捕捉开关:在弹出针对整个页面的布局视图操作快捷菜单中,选择【格网】→【捕捉到格网】命令,格网捕捉打开时,命令前有√标志;再次单击就关闭,√标志消失。

◆格网大小与捕捉容差设置:在弹出针对整个页面的布局视图操作快捷菜单中,选择【ArcMap选项】命令,打开【ArcMap选项】对话框,在【格网】选项组的【水平间距】和【垂直间距】下拉列表框中设置间距都为"1厘米"。在【捕捉容差】文本框中设置地图要素捕捉容差大小为"0.2cm"。

子任务二 制图数据操作

如果一幅ArcMap输出地图包含若干数据组,就需要在版面视图直接操作数据,比如增加数据组、复制数据组、调整数据组尺寸以及生成数据组定位图等。

(1)增加地图数据组

①在ArcMap窗口主菜单栏中单击【插入】菜单,打开【插入】下拉菜单。

②在【插入】下拉菜单中选择【数据框】命令。

③地图显示窗口增加一个新的制图数据组,与此同时,ArcMap窗口内容列表中也增加一个"新建数据框"。

(2)复制地图数据组

①在ArcMap窗口版面视图单击需要复制的原有制图数据组。

②在原有制图数据组上右键打开制图要素操作快捷菜单。

③单击【复制】命令或者直接快捷键Ctrl+C将制图数据组复制到剪贴板。

④鼠标移至选择制图数据组以外的图面上,右键打开图面设置快捷菜单,单击【粘贴】命令或者直接快捷键Ctrl+V将制图数据粘贴到地图中。

⑤地图显示窗口增加一个复制数据组,同时,内容列表中也增加一个"数据框"。

(3) 设置地图数据组

如果输出地图中有两个数据组,将一个数据组作为说明另一个数据组空间位置关系的总图数据组,在实际应用中是非常有意义的。当一幅地图包含若干数据组时,一个总图可以对应若干样图。一个总图与样图的关系建立起来,调整样图范围时,总图中的定位框图的位置与大小将同时发生相应的调整。

①在 ArcMap 窗口版面视图中,在将要作为总图的数据组上右键打开制图要素操作快捷菜单。单击【属性】命令,打开【数据框属性】对话框,如图 5-43 所示。

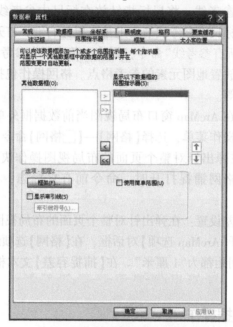

图 5-43 【数据框属性】对话框

②选择【范围指示器】标签,打开【范围指示器】选项卡。

③在【其他数据框】选项组的窗口中选择样图数据组:图层 2。单击右向箭头按钮将样图数据组添加到右边的窗口。

④单击【框架】按钮,打开【范围指示器框架属性】对话框,选择合适的边框,底色和阴影。

⑤单击【确定】返回。

完成了设置之后,如果调整样图,可以在总图中浏览其整体效果。

(4) 旋转地图数据组

在实际应用中,有时候可能会对输出的制图数据组进行一定角度的旋转,以满足某种制图效果。当然,对制图数据的旋转,只是对输出图面要素进行的,并不改变所有对应的原始数据层。具体操作步骤如下。

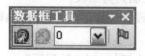

图 5-44 【数据框工具】工具条

①在 ArcMap 窗口主菜单条中单击【自定义】菜单下的【工具条】命令,打开【数据框工具】工具条,如图 5-44 所示。

②在工具条上单击【旋转数据框】按钮。

③将鼠标移至版面视图中需要旋转的数据组上,左键拖

放旋转。如果要取消刚才的旋转操作，只需要单击【清除旋转】按钮。

子任务三　专题地图整饰操作

一幅完整的地图除了包含反映地理数据的线划及色彩要素以外，还必须包含与地理数据相关的一系列辅助要素，比如图名、比例尺、图例、指北针、统计图表等。用户可以通过地图整饰操作来管理上述辅助要素。

(1)图名的放置与修改

①在 ArcMap 窗口主菜单上单击【插入】→【Title 标题】命令，打开【插入标题】对话框。

②在【插入标题】对话框的文本框中输入所需要的地图标题。

③单击【确定】按钮，关闭【插入标题】对话框，一个图名矩形框出现在布局视图中。

④将图名矩形框拖放到图面合适的位置。

⑤可以直接拖拉图名矩形柜调整图名字符的大小，或者鼠标双击图名矩形框，打开【属性】对话框，在【属性】对话框中调整图名的字体、大小等参数。

(2)图例的放置

图例符号对于地图的阅读和使用具有重要的作用，主要用于简单明了地说明地图内容的确切含义。通常包括两个部分：一部分用于表示地图符号的点线面按钮，另一部分是对地图符号含义的标注和说明。

①创建 ArcMap 文档，添加林场数据文件夹中的林班界、小班-部分、小班地类注记三个图层，单击【视图】菜单下的【布局视图】命令，打开布局视图。

②在 ArcMap 窗口主菜单上单击【插入】菜单下的【图例】命令，打开【图例向导】对话框，如图 5-45 所示。

图 5-45　【图例向导】对话框

③选择【地图图层】列表框中的数据层，使用右向箭头将其添加到【图例项】中。通过向上、向下方向箭头调整图层顺序，也就是调整数据层符号在图例中排列的上下顺序。

④如果图例按照一列排列，在【设置图例中的列数】数值框中输入 1，如果图例数量过多可以在输入 5。多列显示图例。单击【下一步】按钮，进入到图 5-46 所示对话框。

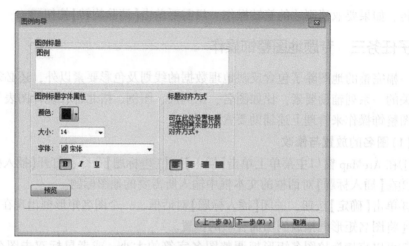

图 5-46 图例标题设置

⑤在【图例标题】文本框中填入图例标题,在【图例标题字体属性】选项组中可以更改标题的颜色、字体、大小以及对齐方式等,单击【下一步】按钮,进入图例框架设置对话框。

⑥在【图例框架】选项组中更改图例的边框样式、背景颜色、阴影等。完成设置后单击【预览】按钮,可以在版面视图上预览到图例的样子。

⑦单击【下一步】按钮,进入到图例向导对话框,可以设置图例显示的样式。

⑧选择【图例项】列表中的数据层,在【面】选项卡设置其属性:宽度(图例方框宽度)和高度(图例方框高度);线(轮廓线属性)和面积(图例方框色彩属性)。单击【预览】按钮,可以预览图例符号显示设置效果,单击【下一步】按钮。在【以下内容之间的间距】选项组中,依次设置图例各部分之间的距离。

⑨单击【预览】按钮,可以预览图例符号显示设置效果。单击【完成】按钮,关闭对话框,图例符号及其相应的标注与说明等内容放置在地图版面中。

⑩单击刚刚放置的图例,并按住左键移动,将其拖放到更合适的位置。如果对图例的图面效果不太满意,可以双击〔图例〕,打开【图例属性】对话框,进一步调整参数。

(3) **图例内容修改**

①双击【图例】,打开【图例属性】对话框。

②单击【项目】标签,进入【项目】选项卡,在【图例项】窗口选择图层,可以通过上下前头按钮调整显示顺序。

③单击【样式】按钮,可以打开【图例项选择器】对话框,调整图例的符号类型,可以使不同数据层具有不同的图例符号,单击【确定】按钮,关闭【图例项选择器】对话框,返回【图例属性】对话框。

④单击选择【置于新列中】选项,在【列】微调框中输入图例列数:2。

⑤在【地图连接】选项组中,设置图例与数据层的相关关系。

⑥如果要删除图例中的数据层,单击左箭头按钮使其在【图例项】中消失。

⑦单击【确定】拉钮,完成图例内容的选择设置。

(4) 比例尺的放置与修改

在 ArcMap 系统中，比例尺有数字比例尺和图形比例尺两种，数字比例尺能够非常精确地表达地要素与所代表的地物之间的定量关系，但不够直观，而且随着地图的变形与缩放，数字比例尺标注的数字是无法相应变化的，无法直接用于地图的量测；而图形比例尺虽然不能精确地表达制图比例，但可以用于地图量测，而且随地图本身的变形与缩放一起变化。由于两种比例尺标注各有优缺，所以在地图上往往同时放置两种比例尺。

图形比例尺的放置和修改操作如下。

①在 ArcMap 窗口主菜单上单击【插入】下拉菜单下的【比例尺】命令，打开【比例尺选择器】对话框，如图 5-47 所示。

②在比例尺符号类型窗口选择比例尺类型：Alternating Scale Bar1，单击【属性】按钮，打开【比例尺】对话框，如图 5-48 所示。

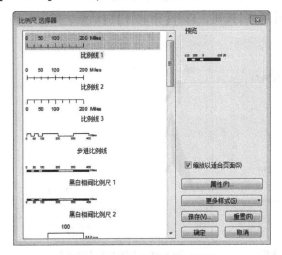

图 5-47　比例尺选择器对话框

图 5-48　比例尺对话框

③单击【比例和单位】标签，进入【比例和单位】选项卡。
④在【主刻度数】数值框和【分刻度数】数值框中分别输入 2 和 4。
⑤在【调整大小时】下拉框中选择"调整分割值"。
⑥在【主刻度单位】下拉框中选择比例尺划分单位为"千米"。
⑦在【标注位置】下拉框中选择数值单位标注位置为"条之后"。
⑧在【间距】微调框中设置标注与比例尺图形之间距离为"3pt"。
⑨单击【确定】按钮，关闭【比例尺】对话框，完成比例尺设置。再单击【确定】按钮，关闭【比例尺选择器】对话框，初步完成比例尺放置。
⑩任意移动比例尺图形到合适的位置。另外，可以双击比例尺矩形框，打开相应的图形比例尺属性对话框，修改图形比例尺的相关参数。

数字比例尺的放置和修改操作如下。

①在 ArcMap 窗口主菜单上单击【插入】菜单下的【比例文本】命令，打开【比例文本选择器】对话框。
②在系统所提供的数字比例尺类型中选择一种。

③如果需要进一步设置参数，单击【属性】按钮，打开【比例文本】对话框。

④首先选择比例尺类型是【绝对】还是【相对】。如果是相对类型，还需要确定【页面单位】和【地图单位】。

⑤单击【确定】按钮，关闭【比例文本】对话框，完成比例尺参数设置。

⑥单击【确定】按钮，关闭【比例文本选择器】对话框，完成数字比例尺设置。

⑦移动数字比例尺到合适的位置，调整数字比例尺大小直到满意为止。

(5) 指北针的放置与修改

指北针指示了地图的方向，在 ArcMap 系统中可通过以下步骤添加指北针。

①在 ArcMap 窗口主菜单上单击【插入】菜单下的【指北针】命令，打开【指北针选择器】对话框，如图 5-49 所示。

②在系统所提供的指北针类型中选一种。这里选择 ESRI North 3。

③如果需要进一步设置参数，单击【属性】按钮，打开【指北针】对话框，如图 5-50 所示。

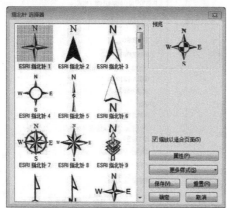
图 5-49 【指北针选择器】对话框

图 5-50 【指北针】对话框

④在【常规】区域中，确定指北针的大小为"72"；确定指北针的颜色为"黑色"；确定指北针的旋转角度为"0"。

⑤单击【确定】按钮，关闭指北针对话框。

⑥单击【确定】按钮，关闭【指北针选择器】对话框，完成指北针放置。

⑦移动指北针到合适的位置，调整指北针大小直到满意为止。

(6) 图框与底色设置

ArcMap 输出地图中也可以由一个或多个数据组构成。如果输出地图中只含有一个数据组，则所设置的图框与底色就是整幅图的图框与底色。如果输出地图中包含若干数据组，则需要逐个设置，每个数据组可以有不同的图框与底色。

①在需要设置图框的数据组上右键打开快捷菜单，单击【属性】选项，打开【数据框属性】对话框，如图 5-51 所示。

②单击【框架】标签，进入【框架】选项卡。

③首先，调整图框的形式，在【边框】选项组单击【样式选择器】按钮，打开【边框选择器】对话框。

④选择所需要的图框类型，如果在现有的图框样式中没有找到合适的，可以单击【属性】按钮，改变图框的颜色和双线间距，也可以单击【更多样式】获得更多的样式以供选择。

⑤单击【确定】按钮，返回【数据框属性】对话框，继续底色的设置。在【背景】下拉列表中选择需要的底色，若没有选择到合适的底色，单击【背景】选项组中的【样式选择器】按钮，打开【背景选择器】对话框。

⑥如果在【背景选择器】中选择不到合适的底色，可以单击【更多样式】按钮，获取更多样式。

⑦在【下拉阴影】选项组中调整数组阴影，在下拉框中选择所需要的阴影颜色，与调整底色方法类似。

⑧单击【大小和位置】标签，进入【大小和位置】选项卡。可以对数据框的大小和位置进行设置。

图 5-51 【数据框属性】对话框

⑨单击【确定】按钮，完成图框和底色的设置。

子任务四　绘制坐标格网

地图中的坐标格网属于地图的三大要素之一，是重要的要素组成，反映地图的坐标系或地图投影信息。根据不同制图区域的大小，将坐标格网分为三种类型：小比例尺大区域的地图通常使用经纬网；中比例尺中区域地图通常使用投影坐标格网，又称公里格网；大比例尺小区域地图，通常使用公里格网或索引参考格网。下面以创建经纬网和方里网格为例接受创建方法。

（1）经纬网设置

①在需要放置地理坐标格网的数据组上右键打开【数据框属性】对话框，单击【格网】标签进入【格网】选项卡，如图 5-52 所示。

②单击【新建格网】按钮，打开【格网和经纬网向导】对话框。

③选择【经纬网】单选按钮。在【格网名称】文本框中输入坐标格网的名称。

④单击【下一步】按钮，打开【创建经纬网】对话框，如图 5-53 所示。

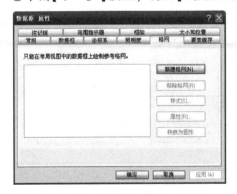

图 5-52 【数据框属性（格网）】对话框

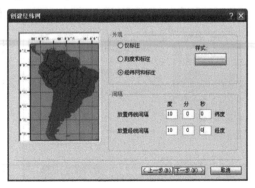

图 5-53 【创建经纬网】对话框

⑤在【外观】选项组选择【经纬网和标注】单选按钮。在【间隔】选项组输入经纬线格网的间隔，【纬线间隔】文本框中输入"10度0分0秒"；【经线间隔】文本框中输入"10度0分0秒"。

⑥单击【下一步】按钮，打开【轴和标注】对话框。

⑦在【轴】选项组，选中【长轴主刻度】和【短轴主刻度】复选框。单击【长轴主刻度】和【短轴主刻度】后面的【线样式】按钮，设置标注线符号。在【每个长轴主刻度的刻度数】数值框中输入主要格网细分数为"5"。单击【标注】选项组中【文本样式】按钮，设置坐标标注字体参数。

⑧单击【下一步】按钮，打开【创建经纬网】对话框。

⑨在【经纬网边框】选项组中选择【在经纬网边缘放置简单边框】单选按钮；在【内图廓线】选项组中选中【在格网外部放置边框】复选框；在【经纬网属性】选项组中选择【储存为随数据框变化而更新的固定格网】单选按钮。

⑩单击【完成】按钮，完成经纬网的设置，返回【数据框属性】对话框，所建立的经纬网文件显示在列表。再单击【确定】按钮，经纬网出现在版面视图。

（2）方里格网设置

①在需要放置地理坐标格网的数据组上右键打开【数据框属性】对话框，单击【格网】标签进入【格网】选项卡。

②单击【新建格网】按钮，打开【格网和经纬网向导】对话框，如图5-54所示。选择【方里格网】单选按钮在【格网名称】文本框中输入坐标格网的名称。

③单击【下一步】按钮，打开【创建方里格网】对话框。

④在【外观】选项组中选择【格网和标注】单选按钮（若选择【仅标注】，则只放置坐标标注，而不绘制坐标格网；若选择【刻度和标注】，只绘制格网线交叉十字及标注）；在【间隔】选项组中的【X轴】和【Y轴】文本框中输入公里格网的间隔都为"5000"。

⑤单击【下一步】按钮，打开【轴和标注】对话框。

⑥在【轴】选项组中选中【长轴主刻度】和【短轴主刻度】复选框；单击【长轴主刻度】和【短轴主刻度】后面的【线样式】按钮，设置标注线符号。在【每个长轴主刻度的刻度数】数值框中输入主要格网细分数为"5"；单击【标注】选项组中【文本样式】按钮，设置坐标标注字体参数。

⑦单击【下一步】按钮，打开【创建方里格网】对话框，如图5-55所示。

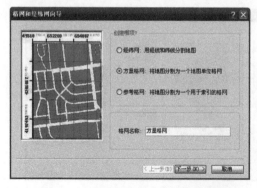

图 5-54 【格网和经纬网向导】对话框

图 5-55 【创建方里格网】对话框

⑧在【内图廓线】选项组中选中【在格网外部放置边框】复选框；在【格网属性】选项组中选择【储存为随数据框变化而更新的固定格网】单选按钮。

⑨单击【完成】按钮，完成方里格网设置，返回【数据框属性】对话框，所建立的方里格网文件显示在列表。

⑩单击【确定】按钮，方里格网出现在版面视图。

当对所创建的经纬网和方里格网不满意时，可在【数据框属性】对话框中单击列表中的经纬网或方里格网名称，然后单击【样式】或【属性】按钮，修改经纬网或方里格网的相关属性；单击【移除格网】按钮，可以将经纬网或方里格网移除；单击【转换为图形】按钮，可将经纬网或方里格网转换为图形元素。

子任务五　地图输出

编制好的地图通常按两种方式输出：其一，借助打印机或绘图机打印输出；其二，转换成通用格式的栅格图形，以便于在多种系统中应用。对于打印输出，关键是要选择设置与编制地图相对应的打印机或绘图机；而对于格式转换输出数字地图，关键是设置好满足需要的栅格采样分辨率。

(1) 地图打印输出

打印输出首先需要设置打印机或者绘图机及其纸张尺寸，然后进行打印预览，通过打印预览就可以发现是否对以完全按照地图纸制过程中所设置的那样，打印输出地图。如果要打印的地图小于打印机或绘图仪的页面大小，则可以直接打印或选择更小的页面打印；如果打印的地图大于打印机或绘图仪的页面大小，则可以采用分幅打印或者强制打印。

地图分幅打印操作如下。

①在 ArcMap 窗口主菜单上单击【文件】菜单下的【🖨打印】命令，打开【打印】对话框。

②单击【设置】按钮，设置打印机或绘图仪型号以及相关参数。

③单击【将地图平铺到打印机纸张上】单选按钮，选中【全部】单选按钮。

④根据需要在【打印份数】微调框输入打印份数。

⑤单击【确定】按钮，提交打印机打印。

地图强制打印操作如下。

①在 ArcMap 窗口主菜单上单击【文件】菜单下的【🖨打印】命令，打开【打印】对话框。

②单击【缩放地图以适合打印机纸张】单选按钮。

③选中【打印到文件】复选框。

④单击【确定】按钮，执行上述打印设置，打开【打印到文件】对话框。

⑤确定打印文件目录与文件名。

⑥单击【保存】按钮，生成打印文件。

(2) 地图转换输出

ArcMap 地图文档是 ArcGIS 系统的文件格式，不能脱离 ArcMap 环境来运行，但是 ArcMap 提供了多种输出文件格式，如 EMF、BMP、EPS、PDF、1PG、TIF 以及 ArcPress 格式，转换以后的栅格或者矢量地图文件就可以在很多其他环境中应用了。

①在 ArcMap 窗口主菜单上单击【文件】菜单下的【导出地图】命令,打开【导出地图】对话框,如图 5-56 所示。

②在【导出地图】对话框中,确定输出文件目录、文件类型和文件名称。

③单击【选项】按钮,打开与保存文件类型相对应的文件格式参数设置对话框。

④在【分辨率】微调框设置输出图形分辨率为"300"。

⑤单击【保存】按钮,输出 jpg 栅格图形文件,成果图如图 5-57 所示。

图 5-56 【导出地图】对话框

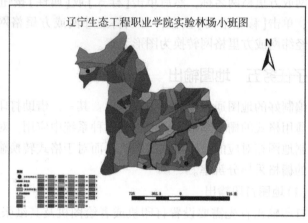

图 5-57 【导出地图】对话框

5.3.5 成果提交

分别提交当地 1:1 万和 1:5 万地形图的配准图。

5.3.6 知识拓展

林业制图人员进行林业专题地图制作时,需要参照林业地图图式进行地图的配色,所以学习林业地图图式十分必要。该部分知识作为知识拓展任务。具体图示见表 5-1。

表 5.1 林业地图图式

一		林相色标				
	树种	龄 组				色 值
		幼龄林	中龄林	近熟林	成过熟林	
1	红松、樟子松、云南松、高山松、油松、马尾松、华山松及其他松属					C10Y10 C25Y25 C60Y60 C100Y100
2	落叶松、杉木、柳杉、水杉、油杉、池杉					C5Y10 C20Y35 C45Y75 C70Y100K5

(续)

一、		林相色标				
	树 种	龄 组				色 值
		幼龄林	中龄林	近熟林	成过熟林	
3	云杉（红皮臭、鱼鳞松、沙松）、冷杉（白松、杉松、臭松）、铁杉、柏属					M8 M30 M65 M95K10
4	樟、楠、檫木、桉及其他常绿阔叶树					C3Y20 C10Y45 C20Y80 C40Y100M5
5	水曲柳、胡桃楸、黄檗、栎类、榆、桦、其他硬阔叶树					C8M5 C30M20 C60M50 C85M80
6	白桦、杨、柳、椴类、泡桐及其他软阔叶树					C10 C30 C60 C90K10
		产前期	初产期	盛产期	衰产期	色值
7	经济林各树种					M10Y10 M25Y20 M55Y40 M80870
		幼龄竹	壮龄竹		老龄竹	色值
8	竹类					M8Y35 M30Y60 M55Y95
9	红树林					C25M45
二、		林种色标				
	林 种	颜色样式				色值
1	防护林					C15Y20
2	特殊用途林					C5M20

(续)

一、		林相色标				
	树种	龄组				色值
		幼龄林	中龄林	近熟林	成过熟林	
3	用材林		■			C10Y35K3
4	薪炭林		■			M10Y30
5	经济林		■			M35Y25

三、		地类色标	
	林地	颜色样式	色值
1	有林地 a. 乔木 b. 红树林 c. 竹林	■ ■ ■	C30Y45 C25M45 M30Y60
2	疏林地	■	C20Y60
3	灌木林地	■	C20M25
4	未成林造林地	■	C10Y35M15
5	苗圃地	■	C55Y80
6	无立木林地	■	M35Y20
7	宜林地	■	Y40K5

注：引自《林业地图图式》(LY/T 1821—2009)。

5.3.7 巩固练习

①如何进行地图版面设计？
②如何进行地图出图要素添加？
③如何进行地图打印输出？

项目六 森林资源监测

○ 项目概述

当前，GIS 在各领域的应用非常广泛，它可以实现从简单到复杂的各种 GIS 任务。例如，土地规划部门编制土地利用图；工程部门监控道路和桥梁运行情况；电信公司研究地形寻找新增手机信号塔的站点位置；生态专家研究在分水岭地带施工对环境可能造成的影响；气象专家向风暴可能经过的城镇发布警报；水资源管理人员监视上游水质情况，以便寻找可能的污染源；应急部门根据模拟结果和交通的易通达性安排紧急救护设施；消防队根据地形和气象资料预测森林火灾的蔓延范围等。当然，林业部门也能够将 GIS 广泛应用到森林资源信息管理、森林资源保护及限额采伐管理、林业用地及林权信息管理、抚育间伐及更新造林管理、森林病虫鼠害监测及森林防火监测等动态管理当中。

本项目将在前面五个项目学习的基础上，通过一个综合项目——实验林场森林资源监测，使学生能够熟练运用 GIS 软件进行林业空间数据库创建、数据管理、数据采集与属性录入、地理配准与地理投影、空间分析、专题图制作与可视化等方面的功能，同时能够掌握 GIS 项目开发与解决问题过程中的基本思路和步骤，并在今后的实际生产与工作中，能够做到活学活用，举一反三。

○ 知识目标

①了解森林资源监测的主要流程。
②掌握数据库建立的方法和流程。
③掌握配准、空间分析的方法。
④掌握专题图制作的流程和方法。

○ 技能目标

①能够建立林业资源动态监测数据库。
②能够完成林业资源数据采集与属性录入。
③能够制作林业监测数据统计图表。
④能够制作林业资源监测专题图。

6.1 项目数据

本项目数据包括模拟某实验林场 2008 年森林资源清查数据、该实验林场 2018 年卫星

项目六　森林资源监测

表 6-1　实验数据说明

文件名称	格式	位　置	说　　明
作业范围.shp	Shapefile	项目六　实验数据\作业范围	线要素，林业监测作业范围
1万林地符号.otf	OpenType字体文件	项目六　实验数据\	字体文件，1万林地字符符号
森林资源清查数据.mdb	Mdb	项目六　实验数据\	面要素，实验林场2008年森林资源清查数据
实验林场DOM.tif	Tiff	项目六　实验数据\	影像，实验林场2018年数字正射影像图
实验林场调绘底图.jpg	Jpg	项目六　实验数据\	影像，实验林场2018年调绘底图

遥感影像和外业调绘成果，以及实验林场作业范围表6-1，案例项目数据都存放在"项目六 实验数据"中。

6.2　项目实施

任何一个GIS项目，作业人员都有大量的工作和数据要处理，概括起来主要分为以下4个步骤。

(1) 分析问题

对当前GIS项目的需求进行分析，并转化为GIS数据库的设计和分析方案。例如，在本次实例中的"某实验林场林业资源动态监测项目"，我们需要建立两期数据用于林业资源动态监测，一期以2008年森林资源清查数据为本底数据，在其基础上进行提取，二期以2018年林场外业调绘成果为依据，建立最新的林业资源数据。这就需要在数据库中建立两个要素类，即2008年和2018年林业资源数据。同时，两期的属性字段应该是完全一致的，其中至少应该包括地类、每顷株数等字段。

(2) 创建数据库

创建地理数据库用于存储本地数据，应包含所需的所有地理数据，并确保各个图层拥有统一的坐标系，也可以将现有地图数字化，同时还要保证要素之间拓扑关系正确。

(3) 分析数据

这个过程通常是指针对具体问题进行属性查询、空间数据查询、空间分析、统计分析等，并保存结果，获得解决问题的完整答案。在本次项目中，需要了解实验林场从2008年至2018年地类变化情况和这十年间宜林地去向情况，在后面的实验过程中，我们会看到完整的分析数据并制作统计图表的步骤。

(4) 交流结果

交流的对象可能是非GIS专业人士，在这个过程中就需要用到一些专题性地图来辅助交流。本项目内容包括有实验林场2018年林业资源监测专题地图的制作，供大家学习使用。

任务一 建立林业监测数据库

(1) 新建文件地理数据库

打开 ArcCatalog 软件，选取存储位置，点击右键【新建】—【文件地理数据库】，系统默认为"新建文件地理数据库.gdb"，将其重命名为"林业监测数据库.gdb"。这时，会在目录树和内容窗口中出现新建的文件地理数据库，如图 6-1 所示。

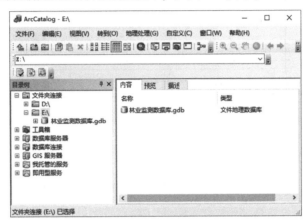

图 6-1 **ArcCatalog 界面**

(2) 新建要素数据集

右键单击"林业监测数据库.gdb"，在弹出的快捷菜单中单击【新建】→【要素数据集】，打开新建要素数据集对话框，在名称文本框中输入要素集名称"LYJC"（林业监测），单击【下一步】按钮。

选择【CGCS2000 3 Degree GK CM 123E】作为"LYJC"要素数据集的平面坐标系统，其位置在【\ 投影坐标系 \ Gauss Kruger \ CGCS2000 \ CGCS2000 3 Degree GK CM 123E】，单击【下一步】按钮。

选择【Yellow Sea 1985】作为"LYJC"要素数据集的高程坐标系统，其位置在【\ 垂直坐标系 \ Asia \ Yellow Sea 1985】，单击【下一步】按钮。

在 XY 容差、Z 容差、M 容差的设置中均采用默认值，也就是 0.001，在【接受默认分辨率和属性域范围(推荐)】复选框中打对钩号，单击【完成】按钮，完成要素数据集设置。

(3) 新建要素类

右键单击要素数据集"LYJC"，在弹出的快捷菜单中单击【新建】\【要素类】，打开新建要素类对话框，在名称文本框中输入要素类名称"JC2008"，在别名文本框中输入"2008 年林业监测数据"，在【此要素类中所存储的要素类型】里选择"面要素"，单击【下一步】按钮。在【指定数据库存储配置】中选默认，单击【下一步】按钮。

> 注意：要素类名称必须以字母开头，不能是数字或者星号（*）或百分号（%）等特殊字符。

设置要素类属性字段，添加"地类"字段名，数据类型为"文本"；添加"面积"字段名，数据类型为"双精度"；添加"公顷株数"字段名，数据类型为"长整型"。字段属性均为默认，具体输入情况如图 6-2 所示，单击【完成】按钮，完成要素类设置。

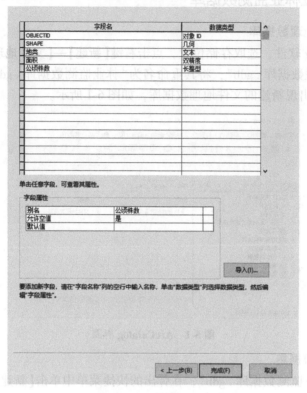

图 6-2 要素类字段设

同时，新建名称为"JC2018"，别名为"2018 年林业监测数据"的面要素类，属性表字段与"JC2008"要素类一致，完成后如图 6-3 所示。

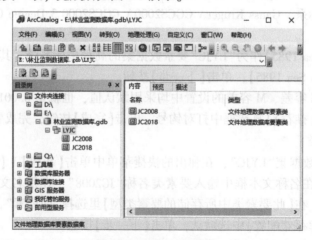

图 6-3 新建两个要素类

(4) 加载要素

利用已有数据资料"森林资源清查数据.mdb"作为 2008 年林业资源动态监测本底数据，将 MDB 数据中的"小班面"要素类中要素，加载到"JC2008"要素类中，操作步骤如下：

6.2 项目实施

右键单击"JC2008"要素类,在弹出的快捷菜单中单击【加载】→【加载数据】,弹出【简单数据加载程序】,单击【下一步】按钮,单击在【输入数据】后【打开】按钮,弹出【打开地理数据库】,选择"\森林资源清查数据.mdb\小班面",单击【打开】按钮,回到【简单数据加载程序】,单击【添加】按钮,将"小班面"加入"要加载的源数据列表"中,单击【下一步】,默认所有选项,继续单击【下一步】按钮,确保在"选择应加载到每个目标字段中的源字段"下,每个"目标字段"都有与之对应的"匹配源字段",如图6-4所示,单击【下一步】按钮,选中"加载全部源数据"前的单选框,单击【下一步】,单击【完成】按钮,完成"森林资源清查数据"中"小班面"要素加载。

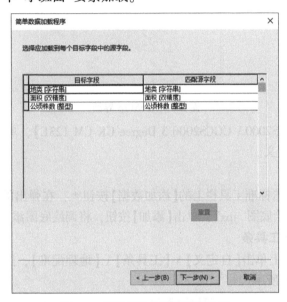

图6-4 目标字段均有匹配源字段

加载后,打开ArcMap浏览刚刚加载过的矢量数据。单击标准工具栏上的【添加数据】按钮,在弹出的对话框中,选中ArcCatalog新建文件地理数据库"林业监测数据库.gdb"中"LYJC"要素数据集下的"JC2008"要素类,加载到ArcMap界面,如图6-5所示。

任务二 定义投影与地理配准

目前,林业监测数据库已经有了2008年林业监测数据。2018年的林业监测数据需要通过卫星遥感影像进行矢量采集,利用调绘底图进行属性录入。由于外业调绘底图一般为扫描图,其地图上坐标要转换到地理要素的实际坐标,这种坐标转换就要通过地理配准来实现。

栅格数据地理配准步骤简述如下:先在数据框中定义投影,然后在ArcMap中添加栅格影像,启动地理配准工具条,添加控制点并设置坐标转换方式,最后进行地理配准并输出成果。

(1)定义投影

启动ArcMap,依次单击主菜单上【视图】→【数据框属性】,打开【数据框属性】对话框,选择【坐标系】标签,进入【坐标系选项卡】。在选择坐标系列表框中选择【\投影坐标

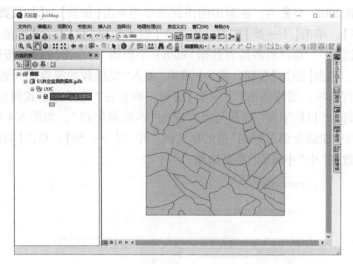

图 6-5 ArcMap 界面

系 \ GaussKruger \ CGCS2000 \ CGCS2000 3 Degree GK CM 123E】,单击【确定】按钮,完成数据框投影坐标系的定义。

(2) 添加栅格数据

在 ArcMap 中,单击标准工具栏上的【添加数据】按钮,在弹出的对话框中,选择实验数据中的"实验林场调绘底图.jpg",单击【添加】按钮,将调绘底图添加到 ArcMap 窗口。

(3) 启动地理配准工具条

在 ArcMap 主菜单上单击【自定义】\【工具条】\【地理配准】,这样就启动了地理配准浮动工具条,如图 6-6 所示。

图 6-6 【地理配准】工具条

(4) 获取控制点

栅格数据"实验林场调绘底图.jpg"是一幅 1:2000 分幅的外业调绘底图,图幅大小为 50cm×50cm,四角点坐标均为整公里数,这四角点就可作为全图控制点,通过读图可得其控制点坐标,见表 6-2。

表 6-2 控制点坐标

点号	位置	X 坐标	Y 坐标
1	左下	456000	4533000
2	右下	457000	4533000
3	右上	457000	4534000
4	左上	456000	4534000

(5) 添加控制点

单击地理配准工具条上【地理配准】按钮，打开下拉菜单，取消自动校正。单击【添加控制点】按钮，鼠标变成十字丝，将调绘底图缩放至合适大小，选择调绘图左下角点位置，鼠标左键单击出现绿色十字丝，并在其右上角出现点号1时，单击鼠标右键，在弹出快捷菜单中单击【输入X和Y…】，在弹出【输入坐标】对话框中输入点号为1的控制点X坐标和Y坐标，单击【确定】按钮，完成1号控制点添加。然后依次添加右下2号控制点，右上3号控制点和左上4号控制点，输入过程如图6-7所示。

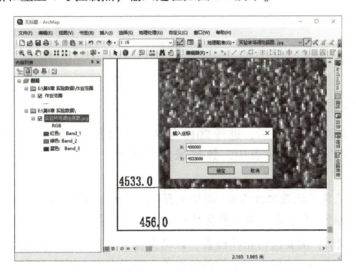

图 6-7　输入控制点

输入完所有控制点后，单击地理配准工具条上【地理配准】→【变换】→【一次多项式（仿射）】，然后单击工具条上【查看链接表】按钮，查看控制点信息及各种误差，如图6-8所示。

图 6-8　查看链接表

(6) 地理配准

单击地理配准工具条上【地理配准】\【校正】，弹出【另存为】对话框，选择【重采样类型】为"双线性（用于连续数据）"，同时选择校正后影像输出位置，单击【保存】按钮，保存地理配准结果，如图6-9所示。

保存完成后，可在 ArcMap【内容列表】中移除"实验林场调绘底图.jpg"，加载经过地理配准后的栅格影像，这时 ArcMap 窗口中显示的调绘底图已经是配准后坐标。

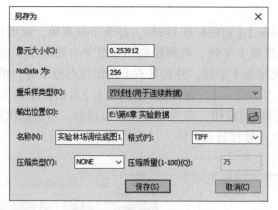

图 6-9 保存地理配准结果

任务三 数据采集与拓扑检查

在调绘底图地理配准完成后，进行 2018 年林业资源数据采集工作，将调绘底图上的属性录入到相应的要素属性表中，数据采集要用到"作业范围.shp"和"实验林场 DOM.tif"。

> 注意：数据采集不能用配准后的"调绘底图"，虽然上面已经有了地类界，必须采用实验林场 DOM 进行边界采集，保证采集精度。

数据采集完成后，需要进行拓扑检查，以确保各个要素之间拓扑关系的正确——不能重叠，也不能有空隙——这里也只是简单的在单个要素类建立拓扑关系，并没有深入到不同要素类（图层）之间的拓扑检查，检查完成后则需要修改拓扑错误，保存成果。

（1）数据采集

在 ArcMap 中，单击标准工具栏上的【添加数据】按钮，分别添加"作业范围.shp""实验林场 DOM.tif"和新建的"林业监测数据库.gdb \ LYJC \ JC2018"至 ArcMap 窗口，如图 6-10 所示。

单击编辑器工具栏的【编辑器】按钮，弹出下拉菜单，单击【开始编辑】按钮，弹出【开始编辑】对话框，选择"2018年林业监测数据"（图 6-11），单击【确定】按钮，开启编辑。

图 6-10 添加数据　　图 6-11 【开始编辑】对话框

在编辑器工具栏中,单击【创建要素】按钮,弹出【创建要素】窗格,在【创建要素】窗格内,单击选择"2018年林业监测数据",在【构造工具】中单击选择"面"构造工具,将鼠标移动到作业范围内的遥感影像中,单击以开始创建草图,在要创建草图顶点或其他点要素的位置处单击,到达线或多边形要素的最终目标点时,按F2键或者右键弹出快捷菜单中选择【完成草图】来完成草图。依次完成其他图斑采集,直至作业范围内所有图斑均被矢量覆盖为止。

最后在编辑器工具栏中,依次单击【编辑器】→【保存编辑内容】,再依次单击【编辑器】→【停止编辑】,完成数据采集。

当然,以上是一种基础创建要素的方式,但是这种方法过于烦琐,而且采集不同要素时,稍有不慎就会产生拓扑错误,例如,与已经创建完成的要素存在空隙或者重叠。那么,下面将简单介绍另一种要素创建方式——采集线要素,利用线要素分割面要素,来获得所需的面要素。这样做不仅能够提高作业效率,还能保证作业质量。

①单击【开始编辑】按钮,开启编辑"2018年林业监测数据"要素类,单击【创建要素】按钮,利用构造工具,在作业区范围内,采集作业范围4个端点,创建一个面要素。依次单击【编辑器】→【停止编辑】按钮,弹出"是否要保存编辑内容"对话框,单击【是】,保存编辑内容。

如果您的鼠标无法捕捉到作业范围端点,那就需要依次单击【编辑器】→【捕捉】→【捕捉工具条】。在弹出的捕捉工具条上,单击【捕捉】按钮,在下拉菜单中,勾选【使用捕捉】,并将捕捉工具条上的【端点捕捉】和【折点捕捉】按钮点亮。

②新建一个名称为"地类界",要素类型为"折线"的Shapefile数据,空间参考选择与当前数据框属性坐标系一致的"CGCS2000 3 Degree GK CM 123E",单击【确定】按钮,完成新建"地类界.shp"数据。

③开始编辑"地类界.shp",打开【创建要素】窗格,按照实验林场DOM边界,采集线要素。采集完成后,单击【保存编辑内容】和【停止编辑】。

④在编辑器工具栏中,依次单击【编辑器】→【开始编辑】,选择开始编辑"2018年林业监测数据"要素类。依次单击【编辑器】—【更多编辑工具】—【高级编辑】,弹出【高级编辑】工具条(图6-12)。

图6-12 【高级编辑】工具条

⑤在【内容列表】窗口中,右键单击"地类界",在快捷菜单中依次单击【选择】→【全选】命令,这时刚才采集的线要素全部高亮显示。单击高级编辑工具栏中的【分割面】按钮,弹出分割面对话框,目标选择"2018年林业监测数据",拓扑容差为默认值"0.001",单击【确定】按钮,完成面分割。

⑥依次单击【编辑器】→【保存编辑内容】和【停止编辑】,完成"2018年林业监测数据"数据采集。

(2)建立拓扑

在【目录】窗口中右键单击"林业监测数据库.gdb"中的"LYJC"要素数据集,弹出快捷菜单,依次单击【新建】→【拓扑】命令,弹出【新建拓扑】对话框,单击【下一步】按钮。输入拓扑名称和拓扑容差,这里均采用默认值"LYJC_ Topology"和"0.001"不做修改,如图6-13所示,单击【下一步】按钮。选择要参与到拓扑的要素类,这里先选择"JC2008",在"JC2008"前面的复选框中打对钩号,单击【下一步】按钮。输入等级数填写默认值,单击【下一步】按钮。

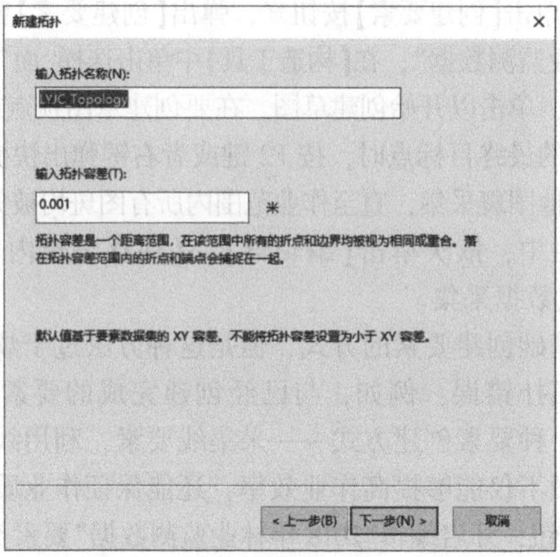

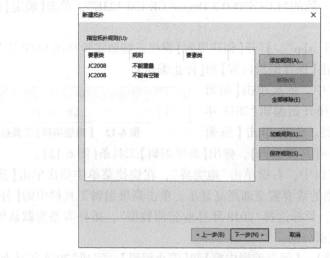

图 6-13 新建拓扑

在指定拓扑规则中,单击【添加规则】按钮,弹出添加规则对话框,在"要素类的要素"下拉框中选择"JC2008",在"规则"下拉框中选择"不能重叠",单击【确定】按钮,完成第一个拓扑规则的设置。再次单击【添加规则】按钮,弹出添加规则对话框,在"要素类的要素"下拉框中选择"JC2008",在"规则"下拉框中选择"不能有空隙",单击【确定】按钮,完成第二个拓扑规则的设置,如图 6-14 所示。

图 6-14 指定拓扑规则

添加完所有拓扑规则之后,单击【下一步】按钮,单击【完成】按钮,完成新建拓扑。这里需要等待一些时间,用于"正在创建新拓扑"。待创建新拓扑完成后会弹出"已创建新拓扑。是否要立即验证?"对话框,单击【是】按钮,立即验证。

(3) 拓扑检查

验证完成后,会在"林业监测数据库.gdb \ LYJC"要素数据集下生成"LYJC_Topology",单击标准工具条上【添加数据】按钮,将拓扑"LYJC_Topology"加载到 ArcMap

窗口。或者，用鼠标将拓扑"LYJC_ Topology"从【目录】窗口拖拽到【内容列表】窗口。这时会弹出"正在添加拓扑图层"对话框，询问"是否还要将参与到 LYJC_ Topology 中的所有要素类添加到地图？"，单击【是】按钮。在 ArcMap 窗口中，红颜色就是"JC2008"要素类存在的拓扑错误，如图 6-15 所示。

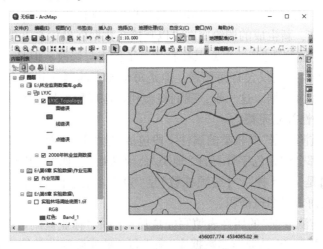

图 6-15 拓扑错误

（4）拓扑错误修改

在 ArcMap 主菜单上依次单击【自定义】→【工具条】→【拓扑】，启动拓扑工具条，如图 6-16 所示。依次单击编辑器工具条【编辑器】→【开始编辑】，选择编辑"2008 年林业监测数据"。单击拓扑工具条上【错误检查器】按钮，在弹出的【错误检查器】窗口中设置【显示】"<所有规则中的

图 6-16 拓扑工具条

错误>"，去掉"仅搜索可见范围"前面复选框中的对钩号，单击【立即搜索】按钮，拓扑检查中的所有错误就都在【错误检查器】中显示出来了，如图 6-17 所示。

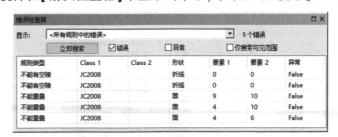

图 6-17 拓扑错误列表

图 6-18 编辑折点工具条

单击【错误查看器】中每一错误行，可以逐条查看各项拓扑错误。选择要修改的面要素，左键双击面要素，会弹出编辑折点工具条（图 6-18），通过工具条上的【修改草图折点】、【添加折点】、【删除折点】等编辑折点按钮，修改面要素折点位置，使其与相邻面要素之间没有重叠与没有空隙。编辑折点完成后，依次单击【编辑器】→【保存编辑内容】→【停止编辑】。

此外，还需完成"JC2018"要素类拓扑检查和拓扑错误修改。

任务四　属性录入与统计分析

在开始新的步骤之前，我们先简单地回忆一下前面的过程。我们在任务一中新建了"林业监测数据库"，并且将"2008年林业监测数据"加载到数据库中。任务二中我们完成了调绘底图地理配准，新生成的调绘底图可以直接在数据框坐标系下显示。任务三中我们采集了"2018年林业监测数据"，并对其拓扑进行了检查与修改。但是，目前"2018年林业监测数据"并不完善，它仅仅含有面要素，但是每个要素的属性并没有赋值，也就是说它还不是一个完整的监测数据。这一步，我们将会利用地理配准后的调绘底图，将"2018年林业监测数据"的属性补充完整。

"2018年林业监测数据"要素类的属性字段包括【地类】、【面积】和【公顷株数】，调绘底图在每个图斑上都会用绿色字体标注"地类/公顷株数"，如"针叶林/500"，也就是说，这个图斑的【地类】是"针叶林"，【公顷株数】是"500"。至于【面积】字段，后面会详细讲到如何通过计算几何求得图斑面积。

"2018年林业监测数据"的属性表填写完成后，整个"林业监测数据库"就算建立完成了。可以利用这个简单的"林业监测数据库"来进行一些实际问题的统计分析，例如：分析2008年和2018年两期林业各地类占地面积；又或者是从2008年至2018年这十年间，宜林地的去向统计。具体操作步骤如下：

（1）填写属性

启动ArcMap窗口，添加经过地理配准后的调绘底图，添加"林业监测数据库.gdb"数据库中"JC2018"要素类。在【内容列表】下选中"2018年林业监测数据"，并双击该图层下面的要素符号，弹出【符号选择器】对话框，在对话框中设置该图层面要素样式为"ESRI"中第二行第一列的"空心"符号。单击"空心"符号，"轮廓宽度"由默认值"0.4"改为"2"，"轮廓颜色"由默认值"黑色"改成"暗苹果色"（第三行第七列），单击【确定】按钮，完成设置，设置完成后样式如图6-19所示。

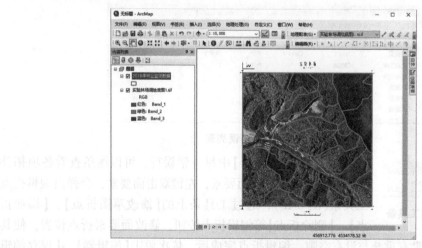

图6-19　修改要素符号

6.2 项目实施

如果 ArcMap 地图显示窗口中，没有显示出"2018 年林业监测数据"图层内要素边界，那么您可以单击内容列表中【按绘制顺序列出】按钮，将位于下层的"2018 年林业监测数据"图层用鼠标拖至"实验林场调绘底图"图层上端。这样，ArcMap 地图显示窗口中就会出现"2018 年林业监测数据"图层要素边界。

依次单击编辑器工具条的【编辑器】→【开始编辑】按钮。如果【内容列表】中只有"林业监测数据库.gdb"这一个数据库内的矢量图层，那么点击【开始编辑】按钮后，开启编辑的图层就是"林业监测数据库"内的各个图层；但是如果您的【内容列表】中含有多个数据库，那么就需要选择开启编辑的数据库。

开启编辑状态后，单击编辑器工具条上的【属性】按钮，弹出【属性】窗口，在 ArcMap 地图显示窗口内，单击"2018 年林业监测数据"图层的任意一个面要素，使其高亮显示。这时，【属性】窗口就会出现这个要素的属性列表。将调绘底图上对应图斑的调绘成果添加到【属性】窗口的属性列表中，如图 6-20 所示，【面积】字段不用填写。

依次将"2018 年林业监测数据"图层所有面要素属性填写完整，依次单击【编辑器】→【保存编辑内容】。

在【内容列表】窗口中，右键单击"2018 年林业监测数据"图层，在弹出快捷菜单中单击【打开属性表】，检查属性表中的"地类"字段和"公顷株数"字段是否还有"<空>"值。如果还有"<空>"值，需要将属性表内每条记录都填写完整，然后【保存编辑内容】，并【停止编辑】。

(2) 计算面积

在【内容列表】窗口中，右键单击"2018 年林业监测数据"图层，在弹出快捷菜单中单击【打开属性表】。鼠标右键

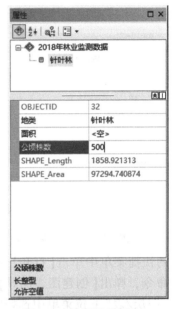

图 6-20 填写要素属性

单击【面积】字段，在弹出快捷菜单中选择【计算几何】命令（图 6-21），这时会弹出"将要在编辑会话外执行计算。与在编辑模式下执行计算相比，此方法速度更快，但是计算一旦开始，便无法撤销结果。是否继续？"警告窗口，在"不再向我发出警告"前面的复选框中打对钩号，单击【是】按钮，弹出【计算几何】对话框（图 6-22）。

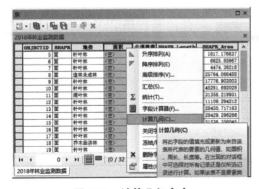

图 6-21 计算几何命令

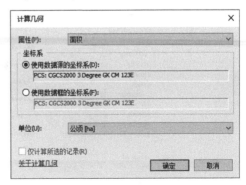

图 6-22 【计算几何】对话框

在【计算几何】对话框中,【属性】栏选择"面积";【坐标系】选择"使用数据源的坐标系";【单位】选择"公顷[ha]"。单击【确定】按钮,完成面积计算。

到此,整个实验林场林业资源动态监测项目的"林业监测数据库"就已经正式建立起来了。

(3) 生成 2008 年与 2018 年地类统计图表

在制作统计图表之前,先在 ArcMap 窗口的【内容列表】里移除所有图层和栅格数据,添加"林业监测数据库.gdb"中"LYJC"要素数据集下的"JC2008"和"JC2018"要素类到 ArcMap 地图显示窗口。

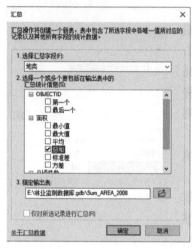

在【内容列表】中,右键单击"2008 年林业监测数据",在弹出快捷菜单中选择【打开属性表】。在属性表中,右键单击【地类】字段,在弹出快捷菜单中单击【汇总】命令,弹出【汇总】对话框。在"选择汇总字段"下拉菜单中选择"地类";在"选择一个或多个要包括在输出表中的汇总统计信息"下拉列表中,展开"面积",在"总和"前面的复选框;"指定输出表"位置填写"\林业监测数据库.gdb\Sum_AREA_2008",具体如图 6-23 所示。单击【确定】按钮,完成汇总。

这时,ArcGIS 会弹出"汇总已完成。是否要在地图中添加结果表?"会话框,单击【是】按钮,将结果表添加到【内容列表】窗口中。

图 6-23 【汇总】对话框

右键单击"Sum_AREA_2008"结果表,在弹出的快捷菜单中单击【打开】命令,打开表后,单击【表选项】按钮,选择【创建图表】命令,弹出【创建图表向导】对话框。在"图表类型"下拉菜单中选择"水平条块";在"图层/表"下拉菜单中选择"Sum_AREA_2008";"值字段"下拉菜单中选择"Sum_面积";"Y 字段"选择"地类";"Y 标注字段"选择"地类";"垂直轴"和"水平轴"选择默认值不变;在"添加到图例"和"显示标注(标记)"前面的复选框中均打对钩号;"颜色"选择"选项板\Excel";"条块样式"、"多条块类型"和"条块大小"均采用默认值,勾选"显示边框",具体设置如图 6-24 所示。设置完成后单击【下一步】按钮。

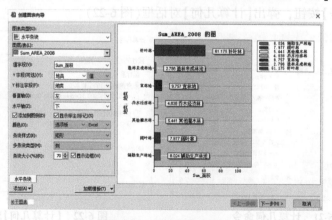

图 6-24 创建图表向导

在新出现的【创建图表向导】对话框中,在"常规图表属性"的"标题"栏输入"2008年林业地类统计图";在"以3D视图形式显示图表"的复选框上打对钩号;勾选"图例"并在"标题"栏输入"2008年林业地类统计","位置"选"右"侧;在"轴属性"中,在"左"标签的"标题"栏输入"林业地类";单击"下"标签,在"标题"栏输入"面积(单位:公顷)",具体设置如图6-25所示。设置完成后单击【完成】按钮,就得到了2008年林业地类统计图,如图6-26所示。

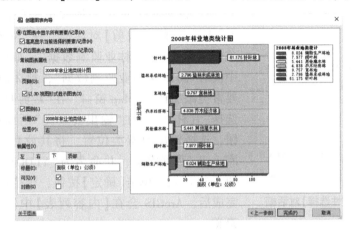

图 6-25 创建图表向导

用同样方法,完成2018年林业地类统计图,如图6-27所示。

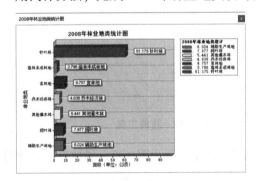

图 6-26 2008年林业地类统计

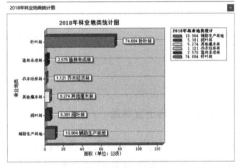

图 6-27 2018年林业地类统计

(4)计算实验林场2008年至2018年宜林地去向

在ArcMap主菜单上依次单击【选择】→【按属性选择】,弹出【按属性选择】对话框。在"图层"下拉菜单中选择"2008年林业监测数据",在字段列表中左键双击"地类",单击【=】按钮,单击【获取唯一值】按钮,左键双击"宜林地",具体设置如图6-28所示。单击【应用】,单击【确定】。这时,"2008年林业监测数据"图层中"宜林地"就已经高亮显示了。

在【内容列表】中,右键单击"2008年林业监测数据"图层,在弹出的快捷菜单中依次点击【数据】→【导出数据】命令,弹出【导出数据】对话框。在"导出"下拉列表中选择"所选要素",在"输出要素类"文本框后点击【浏览】按钮,弹出【导出数据】对话框,选择导出位置,"名称"文本框填写"宜林地","保存类型"选择"Shapefile",单击【保存】按钮,单击【确定】按钮,具体设置如图6-29所示。这时,ArcMap会弹出"是否要将导出的数据添

图 6-28 【按属性选择】对话框

加到地图图层中?"对话框,单击【是】按钮,完成添加。

如果此时您的 ArcMap 地理显示窗口依然高亮显示"2008 年林业监测数据"图层的"宜林地"要素,那么您可以点击【工具】工具条上【清除所选要素】按钮,清除"宜林地"高亮显示。

在 ArcMap 主菜单上依次单击【地理处理】→【裁剪】工具,弹出【裁剪】对话框。在"输入要素"下拉菜单中选择"2018 年林业监测数据"。如果您的下拉菜单中没有"2018 年林业监测数据",那么请先将"JC2018"要素类添加到 ArcMap 窗口。在"裁剪要素"下拉菜单中选择"宜林地"。在"输出要素类"后面单击【浏览】按钮,选择输出要素类位置,将其放到"林业监测数据库.gdb"数据库下,并命名为"YLDQX",具体设置如图 6-30 所示。单击【确定】按钮,等待裁剪完成。裁剪完成后,ArcGIS 会在【内容列表】中添加"YDLQX"要素类。

图 6-29 导出宜林地

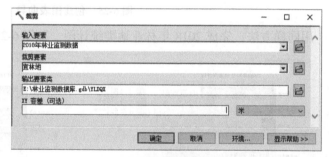

图 6-30 裁剪工具

右键单击"YLDQX"要素类,选择【打开属性表】。这里需要说明一点,属性表中【面积】字段的属性值,并不是该面要素真实的面积,而是继承至"2018 年林业监测数据"中该要素未被裁剪前的【面积】字段属性值。所以,这里需要对该【面积】字段重新赋值。赋值方法与前面介绍【计算几何】方法一致。右键单击【面积】字段,选择【计算几何】命令,在"单位"下拉菜单中选择"公顷[ha]",单击【确定】按钮。这时【面积】字段中的属性值才是该要素真实面积。

右键单击【地类】字段,选择【汇总】命令,汇总字段为"地类",汇总统计信息依然选择"面积\总和",选择输出位置和名称,例如"E:\林业监测数据库.gdb\Sum_YLDQX",单击【确定】按钮,并将结果表添加到地图当中。

右键单击【Sum_YLDQX】表,选择【打开】命令,打开属性表。依次单击【表选项】→【创建图表】,弹出【创建图表向导】

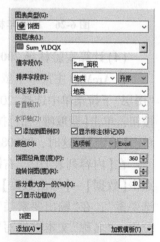

图 6-31 创建图表向导

对话框。"图表类型"中选择"饼图";【图层/表】中选择"Sum_ YLDQX";【值字段】选择"Sum_ 面积";【排序字段】选择"地类";【标注字段】选择"地类";勾选"显示标注(标记)";【颜色】选择"选项板\Excel";【拆分最大的一份】输入"10",具体设置如图6-31所示,单击【下一步】按钮。

在新出现的【创建图表向导】对话框中,在【常规图表属性】的【标题】栏输入"2008年至2018年宜林地去向统计图";勾选【图例】并在【标题】栏输入"宜林地去向面积统计(单位:公顷)",【位置】选"下"侧,具体设置如图6-32所示。

设置完成后单击【完成】按钮,就得到了2008年至2018年宜林地去向统计图,如图6-33所示。

任务五 林业监测专题图制作

专题地图是根据需要着重反映自然或社会现象中的某一种或几种专业要素,使地图表现的内容专题化、形式各样、用途专门的地图,它集中表现某种主题内容。专题地图内容主要包括数学基础、主题要素(专题要素和地理基础要素)和辅助要素。按其内容的专题性质,通常分为3种类型:自然地图、人文地图和其他专题地图。本项目将在"林业监测数据库"基础上,通过符号制作与符号化、制图表达和布局设计,完成一幅"实验林场2018年林业资源监测图"的专题地图,具体操作步骤如下。

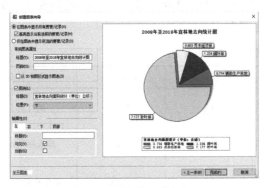

图 6-32 创建图表向导

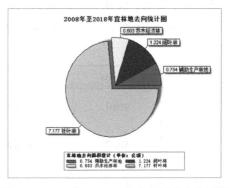

图 6-33 2008 年至 2018 年宜林地去向统计图

(1) 符号制作及符号化

首先,找到实验数据中"1万林地符号.otf"文件,右键单击文件,在快捷菜单中选择【安装】命令,将"1万林地符号"安装到计算机中。或者,直接将"1万林地符号.otf"文件复制到"C:\Windows\Fonts"文件夹下面,完成字符符号安装。

开启 ArcMap 界面,依次单击菜单栏【自定义】→【样式管理器】,弹出【样式管理器】对话框。单击【样式】按钮,弹出【样式引用】对话框,单击【创建新样式】按钮,弹出【另存为】对话框。选择新样式要保存的路径,输入文件名,例如:"林业样式",单击【保存】按钮,回到【样式引用】对话框,单击【确定】按钮,完成新样式"林业样式"的创建,如图6-34所示。

在【样式管理器】中,会出现"林业样式.style"文件夹,但是它里面子文件夹都是白色的,这说明新建样式中还没有任何一个符号。左键单击【样式管理器】左侧列表栏的"林业样式.style",在右侧内容窗口中选择【标记符号】,双击进入【标记符号】文件夹,在【样式管理器】右侧内容窗口空白处右键弹出快捷菜单中选择【新建】→【标记符号】,弹出【符号属性编辑器】。

在【类型】下拉列表中,选择"字符标记符号";在【单位】下拉列表中选择"毫米"。在【字符标记】选项卡内,在【字体】下拉菜单列表中选择"1万林地符号";在【子集】下拉菜单列表中选择"Private Use Area";选择【Unicode】为"57601"的字符♀;在【大小】下拉列表中将字符大小设置为"2.5",具体设置如图6-35所示,单击【确定】按钮,将新建的"标记字符"重命名为"造林未成林",完成新标记字符设置。

图 6-34　样式管理器

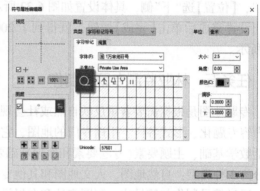

图 6-35　符号属性编辑器

依照以上方法,依次完成其他5个字符标记符号的编辑,符号与名称见表6.3,符号"大小"均设置成"2.5","单位"均设置成"毫米"。

表 6.3　符号与名称对照表

符号	Unicode	名　　称	符号	Unicode	名　　称
○	57601	造林未成林	△	57604	阔叶林
∴	57602	其他灌木林	♀	57605	乔木经济林
↑	57603	针叶林	‖	57606	辅助生产林地

完成表6.3中6个标记符号编辑后,还需要编辑填充符号。在【样式管理器】左侧列表栏中单击"\林业样式.style\填充符号",在右侧内容窗口空白处右键弹出快捷菜单,单击【新建】→【填充符号】,弹出【符号属性编辑器】。

在"属性\类型"下拉菜单中选择"简单填充符号";在【简单填充】选项卡内【颜色】下拉菜单弹出颜色选项卡,点击【更多颜色】,弹出【颜色选择器】。在【RGB】下拉菜单中选择"CMYK",在【C】后面百分比输入"10",在【M】后面百分比输入"15",在【Y】后面百分比输入"35",在【K】后面百分比输入"0",点击【确定】按钮,完成颜色选择,具体设置如图6-36所示。

在【符号属性编辑器】的【图层】选项组中,单击【添加图层】按钮 ,添加一个新图层,在新建图层【属性\类型】下拉菜单中选择"标记填充符号"。在【标记填充】选项卡中,单击【标记】按钮,弹出【符号选择器】对话框,单击【样式引用】按钮,弹出【样式引用】对话框，这里是勾选"林业样式.style"，取消其他样式前面的对钩号，单击【确定】按钮，这时在内容框里只出现了刚刚建立的6个字符标记符号，选择"造林未成林"，"大小"设置为"10"，单击【确定】按钮，完成符号选择。单击【填充属性】选项卡，在"偏移"栏X，Y分别输入"0"，在"间隔"栏X，Y分别输入"20"。

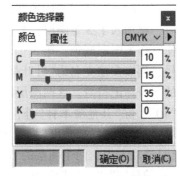

图 6-36　颜色选择器

再次单击"图层"选项组的【添加图层】按钮，依然选择"标记填充符号"，并在【标记填充】选项卡中，单击【标记】按钮，选择"造林未成林"，"大小"设置为"10"，单击【确定】按钮，完成符号选择。单击【填充属性】选项卡，在"偏移"栏X，Y分别输入"10"，在"间隔"栏X，Y分别输入"20"，详细设置如图6-37所示。属性设置好之后，单击【符号属性编辑器】的【确定】按钮，并将其重命名为"造林未成林"，这样一个名为"造林未成林"的填充符号就设计好了。

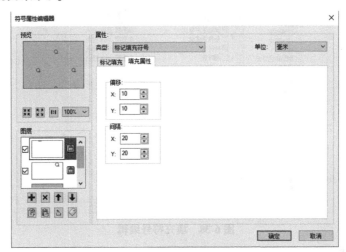

图 6-37　符号属性编辑器

依照以上方法，依次完成其他5个填充符号的编辑，符号名称与简单填充符号颜色设置见表6-4。

表 6-4　符号与颜色对照表

名称	C	M	Y	K
造林未成林	10	15	35	0
其他灌木林	20	25	0	0
针叶林	30	0	45	30
阔叶林	30	0	45	0
乔木经济林	0	50	50	0
辅助生产林地	55	30	0	0

实际上，样式中的填充符号是由图层来组合而成的，我们在设计这些林业填充符号时，都加入了3个图层：第一个是"简单填充符号"，并对它的颜色按照 CMYK 进行设置，使它作为图层底色；第二个和第三个图层是"标记填充符号"，选择了与之对应的标记符号，例如在建立名为"针叶林"的填充符号时，添加的"标记填充符号"则是名为"针叶林"的字符标记符号。这两图层的【标记填充】选项卡中，统一将"标记填充符号"的大小设为"10"，除"其他灌木林"外，"角度"均设为"0"。"其他灌木林"在添加"标记填充符号"，可将其中一层的"角度"设置为"10"；另一层的"角度"设置为"80"。这两图层的【填充属性】选项卡中，两个图层的"间隔"栏 X 和 Y 均为"20"，但"偏移"栏是不同的，一个图层的"偏移"栏 X，Y 均为"0"，另一个图层"偏移"栏 X，Y 则均为"10"。

6个填充符号均编辑完成后，如图 6-38 所示，整个"林业样式"就设计完成了。这时，可以单击【样式管理器】对话框的【关闭】按钮，关闭【样式管理器】。

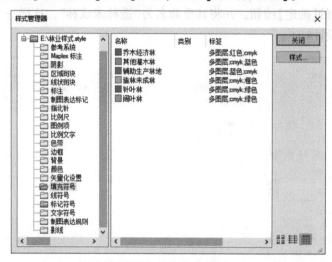

图 6-38 填充符号编辑

（2）制图表达

回到 ArcMap 界面，单击【标准工具栏】的【添加数据】按钮，将"林业监测数据库.gdb"中的"JC2018"要素类添加到 ArcMap 地图显示窗口，右键单击【内容列表】中"2018年林业监测数据"，在弹出快捷菜单中单击【属性】命令，弹出【图层属性】对话框。单击【符号系统】标签，进入【符号系统】选项卡。

在【显示】列表中选择"多个属性"，在"值字段"第一个下拉菜单中选择"地类"，第二个与第三个下拉菜单均选择"无"；取消"<其他所有值>"前面复选框中的对钩号；单击【添加所有值】按钮；双击添加值"乔木经济林"前面的要素符号，弹出【符号选择器】，选择"乔木经济林"，单击【确定】按钮，完成符号选择。依次对其他 5 个地类完成符号选择，使它们对应自己的填充符号。

选择完符号后，单击【色带】按钮，弹出【使用颜色表示数量】对话框，在【字段】的"值"下拉菜单中选择"公顷株数"；在【分类】的"类"下拉菜单中选择"3"；在"色带"下拉菜单中选择红色渐变色，具体设置如图 6-39 所示。设置完成后单击【确定】按钮，返回【图层属性】对话框，单击符号列表中"值"列中"针叶林"，选中"针叶林"行后，单击右侧【上升】按钮■，将"针叶林"排至第一位，下面依次为"阔叶林""乔木经济林""其他灌木林""造林未成林"和"辅助生产林地"，具体设置如图6-40所示。调整完成后单击【确定】按钮，完成符号系统图层属性设置，ArcMap地图显示如图6-41所示。

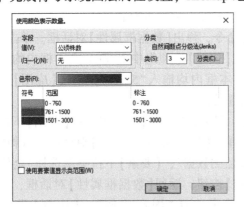
图6-39 使用颜色表示数量

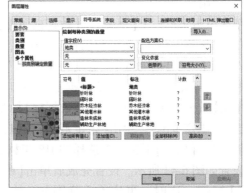
图6-40 【图层属性】对话框

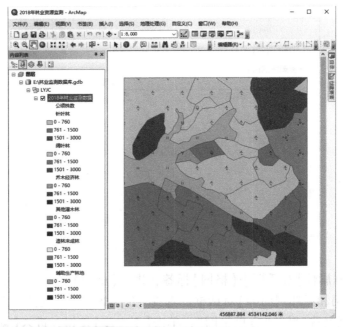
图6-41 制图表达

(3) 布局设计

在地图布局设计之前，需要先引用ESRI样式。因为之前在设计填充符号时，将ESRI样式前面的复选框内对钩号取消了。如果ESRI样式已经被引用，则可以略过这一步。单击菜单栏【自定义】→【样式管理器】，在弹出【样式管理器】中单击【样式】按钮，弹出【样式引用】按钮，在"林业样式.style"和"ESRI"两项前面的复选框中打对钩号，单击【确定】按钮，单击【关闭】按钮，关闭【样式管理器】，完成ESRI样式引用。

依次单击菜单栏上【视图】→【布局视图】命令，进入版面视图环境。单击菜单栏上

【文件】→【页面和打印设置】命令，弹出【页面和打印设置】对话框。在【地图页面大小】内容栏中，将"使用打印机纸张设置"前面复选框中的对钩号取消。在【页】内容栏，"标准大小"下拉菜单中选择"自定义"；"宽度"文本框输入"65"，单位设置成"厘米"；"高度"文本框输入"61"，单位设置成"厘米"。单击【确定】按钮，完成页面和打印设置。

依次单击菜单栏上【视图】→【数据框属性】命令，弹出【数据框属性】对话框。单击【大小和位置】标签，进入【大小和位置】选项卡，在【位置】选项组中 X 和 Y 文本框内均输入"2cm"；在【大小】选项组中"宽度"和"高度"文本框内均输入"52cm"，单击【应用】按钮（不要点击【确定】按钮），完成数据框大小和位置设置。

单击【数据框属性】对话框中【数据框】标签，进入【数据框】选项卡。在【范围】下拉菜单中选择"固定范围"，单击【指定范围】按钮，弹出【数据框-固定范围】对话框，选择"要素的轮廓"，【图层】下拉菜单选择"2018 年林业监测数据"，【要素】下拉菜单选择"全部"，具体设置如图 6-42 所示。设置完成后单击【确定】按钮，返回【数据框属性】对话框，单击【应用】按钮。这时，再次在【范围】下拉菜单中选择"固定比例"，【比例】设置为"1∶2000"，单击【应用】按钮。

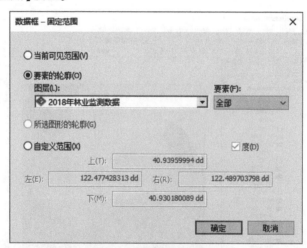

图 6-42　数据框范围设置

单击【数据框属性】对话框中【格网】标签，进入【格网】选项卡。单击【新建格网】按钮，弹出【格网和经纬网向导】对话框，选择"方里格网：将地图分割为一个地图单位格网"，"格网名称"默认"方里格网"，单击【下一步】按钮，进入【创建方里格网】。在"外观"选项组中选择"刻度和标注"；在"间隔"选项组中的"X 轴"和"Y 轴"文本框中均填入"200"，具体设置如图 6-43 所示，单击【下一步】按钮，进入【轴和标注】对话框。在"轴"选项组中，可以设置长短轴符号及长轴主刻度的刻度数；在"标注"选项组中可设置标注文本样式，这里均采用默认值，单击【下一步】按钮，进入【创建方里格网】对话框。这里可以设置方里格网边框、内图廓线和格网属性，这里均采用默认值，单击【完成】按钮，完成方里格网的创建。单击【应用】按钮，单击【确定】按钮，完成数据框属性设置。

单击 ArcMap 菜单栏【插入】→【标题】命令，弹出【插入标题】对话框，在文本框内输入

6.2 项目实施

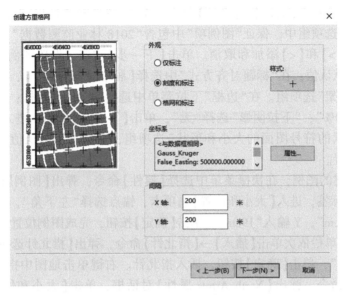

图 6-43　创建方里格网

地图标题"实验林场 2018 年林业资源监测图",单击【确定】按钮,完成标题输入。右键单击刚刚输入的地图标题"实验林场 2018 年林业资源监测图",弹出快捷菜单,选择【属性】命令,弹出【属性】对话框。单击【文本】标签,进入【文本】选项卡,单击【更改符号】按钮,弹出【符号选择器】,在"字体"下拉菜单中选择"黑体",在"大小"下拉菜单中选择"72",单击【确定】按钮,完成符号选择,返回到【属性】对话框。单击【大小和位置】标签,进入【大小和位置】选项卡,在"位置"选项组中"锚点"选择中心,X 位置设置成"28cm",Y 位置设置为"57cm",具体设置如图 6-44 所示。单击【确定】按钮,完成标题属性设置。

图 6-44　标题属性设置

单击 ArcMap 菜单栏【插入】→【图例】命令，弹出【图例向导】对话框。在"选择要包括在图例中的图层"选项组中，保证"图例项"中包含"2018 林业监测数据"，且只包含一个，如果不是可通过【>】和【<】添加和取消。单击【下一步】按钮，设置图例标题及其字体属性，这里均采用默认值；在"标题对齐方式"中选择【居中对齐】按钮，单击【下一步】按钮，进入"图例框架"选项组。在"边框"下拉菜单中选择"1.5 磅"边框；在"背景"下拉菜单中选择"灰色 10%"；"下拉阴影"选择"无"，单击【下一步】按钮，进入"更改用于表示图例中线和面要素的符号图面的大小和形状"选项组，这里采用默认值，单击【完成】按钮，完成图例设置。

右键单击新建的图例，在快捷菜单中选择【属性】命令，弹出【图例属性】对话框，单击【大小和位置】标签，进入【大小和位置】选项卡，锚点选择"左下角"，在"位置"选项组中，X 输入"55.5cm"，Y 输入"19cm"，单击【确定】按钮，完成图例位置设置。

在 ArcMap 菜单栏依次单击【插入】→【指北针】命令，弹出【指北针选择器】对话框，选择"ESRI 指北针 3"，单击【确定】按钮，插入指北针。右键单击地图中指北针，在快捷菜单中选择【属性】命令，弹出【North Arrow 属性】对话框，单击【大小和位置】标签，进入【大小和位置】选项卡，锚点选择"左下角"，在"位置"选项组中，X 输入"61cm"，Y 输入"50cm"，单击【确定】按钮，完成指北针位置设置。

单击 ArcMap 菜单栏【插入】\【比例文本】命令，弹出【比例文本选择器】对话框，在列表中单击"绝对比例"，在"预览"中出现"1:1000000"时，单击【确定】按钮，插入比例文本。右键单击"1:2000"比例文本，在快捷菜单中选择【属性】命令，弹出【Scale Text 属性】对话框，单击【大小和位置】标签，进入【大小和位置】选项卡，锚点选择"中心"，在"位置"选项组中，X 输入"28cm"，Y 输入"1cm"，单击【确定】按钮，完成比例文本"1:2000"位置设置。设置完成后如图 6-45 所示。

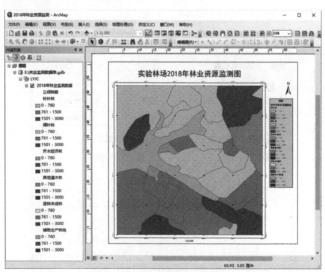

图 6-45 专题图布局设置

(4) 输出地图

在完成了地图的符号编辑、制图表达和布局设计之后，需要将地图输出保存，这里仅以导出 PDF 格式为例，简单介绍地图输出的步骤。单击 ArcMap 菜单栏【文件】—【导出地图】命令，弹出【导出地图】对话框，选择地图保存的位置，【文件名】输入"实验林场 2018 年林业资源监测图"，【保存类型】下拉菜单中选择"PDF"。

单击【选项】，展开选项设置。单击【常规】标签，进入【常规】选项卡，"分辨率"设置成"300"dpi；"输出图像质量"选择"最佳"；"比率"设置为"1∶1"。单击【格式】标签，进入【格式】选项卡，需要在"将标记符号转换为面"前面的复选框打对钩号，具体设置如图 6-46 所示。

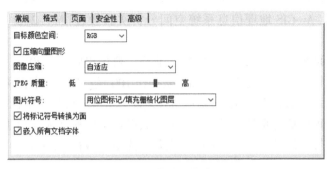

图 6-46　导出地图格式设置

设置完成后单击【保存】按钮，导出地图，"实验林场 2018 年林业资源监测图"专题图如图 6-47 所示。

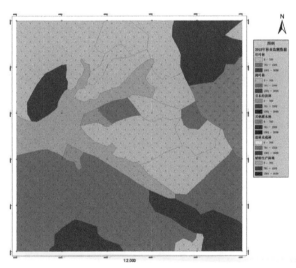

图 6-47　林业资源监测专题地图实验林场 2018 年林业资源监测图

参 考 文 献

陈述彭. 地理信息系统导论[M]. 北京：科学出版社，1999.
黄杏元，马劲松. 地理信息系统概论[M]. 3版. 北京：高等教育出版社，2008.
汤国安，杨昕，等. ArcGIS地理信息系统空间分析实验教程[M]. 2版. 北京：科学出版社，2006.
田永中. 地理信息系统基础与实验教程[M]. 北京：科学出版社，2013.
汤国安，钱柯健，等. 地理信息系统基础实验操作100例[M]. 北京：科学出版社，2017.
宋小冬，钮心毅. 地理信息系统实习教程[M]. 3版. 北京：科学出版社，2013.
吴英. 林业遥感与地理信息系统实验教程[M]. 武汉：华中科技大学出版社，2017.
张殿伟，孟凡众，等. 地理信息系统[M]. 沈阳：沈阳出版社，2014